月刊誌

数理科学

毎月 20 日発売
本体 954 円

予約購読のおすすめ

本誌の性格上、配本書店が限られます。**郵送料弊社負担**にて確実にお手元へ届くお得な予約購読をご利用下さい。

年間 **11000円**
（本誌**12冊**）

半年 **5500**円
（本誌**6冊**）

予約購読料は**税込み価格**です。

なお、**SGC** ライブラリのご注文については、予約購読者の方には、商品到着後のお支払いにて承ります。

お申し込みはとじ込みの振替用紙をご利用下さい！

サイエンス社

「数理科学」のバックナンバーは下記の書店・生協の自然科学書売場で特別販売しております

SGC ライブラリ-189

サイバーグ–ウィッテン 方程式

ホモトピー論的手法を中心に

笹平 裕史 著

サイエンス社

─── **SGC ライブラリ**（The Library for **S**enior & **G**raduate **C**ourses）───

近年，特に大学理工系の大学院の充実はめざましいものがあります．しかしながら学部上級課程並びに大学院課程の学術的テキスト・参考書はきわめて少ないのが現状であります．本ライブラリはこれらの状況を踏まえ，広く研究者をも対象とし，**数理科学諸分野および諸分野の相互に関連する領域**から，現代的テーマやトピックスを順次とりあげ，時代の要請に応える魅力的なライブラリを構築してゆこうとするものです．装丁の色調は，

数学・応用数理・統計系（黄緑），**物理学系**（黄色），**情報科学系**（桃色），

脳科学・生命科学系（橙色），**数理工学系**（紫），**経済学等社会科学系**（水色）

と大別し，漸次各分野の今日的主要テーマの網羅・集成をはかってまいります．

まえがき

　本書ではサイバーグ–ウィッテン方程式の 4 次元トポロジーへの応用を解説する．この方程式は，物理の超弦理論のサイバーグ–ウィッテン理論から現れた 4 次元多様体上の偏微分方程式である．物理的に重要であるのみならず，4 次元トポロジーへ多くの応用をもつ．サイバーグ–ウィッテン理論のトポロジーへの応用に関する解説書はすでにいくつかあるが，本書ではホモトピー論的手法を用いたサイバーグ–ウィッテン方程式の応用を行い，それらの本とは異なる内容となっている．

　1980 年代にドナルドソンがゲージ理論のインスタントン方程式の 4 次元トポロジーへの応用を始めて以来，ゲージ理論は 4 次元と 3 次元におけるトポロジーに非常に多くの応用を生み出している．1994 年にサイバーグ–ウィッテン方程式が現れ，この分野の中心はサイバーグ–ウィッテン理論に移り，さらに急速進展した．ゲージ理論では，多様体上の偏微分方程式の解のモジュライ空間を用いてトポロジーへの応用を得る．モジュライ空間を用いて 4 次元多様体の微分同相不変量を定義し，微分構造の違いを調べたり，モジュライ空間の形状を調べたりすることにより，滑らかな 4 次元多様体の交叉形式に制限が入ることが示されている．どのような 2 次形式が 4 次元多様体の交叉形式として実現されるかは，4 次元トポロジーにおける基本的な問題であり，まだ完全には分かっていない．

　サイバーグ–ウィッテン理論においては，同変ホモトピー論，代数トポロジーからの方法が取り込まれ，解のモジュライ空間よりサイバーグ–ウィッテン方程式自体を用いて応用を得ることが多くなってきている．解のモジュライ空間よりも方程式がより多くの情報を持っており，より強いトポロジーへの応用が可能となる．

　4 次元多様体上のサイバーグ–ウィッテン方程式は，無限次元ヒルベルト空間の間の写像 $F : \mathcal{X} \to \mathcal{Y}$ を定義し，$x \in \mathcal{X}$ に対する方程式 $F(x) = 0$ がサイバーグ–ウィッテン方程式になる．F は S^1 同変写像であったり，Pin(2) 同変写像であったりする．ここで，Pin(2) $= S^1 \bigsqcup S^1 j \subset \mathbb{H}$ である．サイバーグ–ウィッテン方程式の著しい特徴である解のモジュライ空間のコンパクト性を用いて，写像 F は良い有限次元近似写像 $f : X \to Y$ を持つことが示される．f は S^1 作用や Pin(2) 作用に関して同変な固有写像である．この f に対して同変ホモトピー論，同変ホモロジー論等を適用することにより，4 次元多様体に関する情報を得ることができるのである．本書では 4 次元多様体の交叉形式に関する応用を中心に述べる．

　本書のもう 1 つの目的は，サイバーグ–ウィッテン–フレアー安定ホモトピー型の解説である．フレアー理論とは，無限次元上の汎関数に対するモース理論である．汎関数のモースホモロジーをフレアーホモロジーという．低次元トポロジーやシンプレクティック幾何学において，フレアーホモロジーは非常に強力な多くの応用をもたらしている．近年では，フレアーホモロジーの精密化であるフレアーホモトピー型の研究が徐々に盛んになってきている．フレアーホモトピー型は，汎関数

から適切な方法で定義された（安定）ホモトピー型として定義され，そのホモロジーを取るとフレアーホモロジーが再現される．本書ではサイバーグ–ウィッテン–フレアー理論におけるフレアーホモトピー型を解説する．サイバーグ–ウィッテン–フレアー安定ホモトピー型は 3 次元多様体の不変量で，クロンハイマー–ミュロフカによるサイバーグ–ウィッテン–フレアーホモロジーの精密化である．サイバーグ–ウィッテン–フレアー安定ホモトピー型の計算は非常に困難で，計算例が少なかったが，最近，ダイ–笹平–ストフレゲンにより，広いクラスの 3 次元多様体に対して計算が実行された．これから具体的な応用が増えると考えている．

本書ではサイバーグ–ウィッテン理論で議論したが，本書で解説した手法は今後，ドナルドソン理論やシンプレクティック幾何学においても取り入れられていくと期待している．

サイバーグ–ウィッテン理論やフレアーホモロジーに関しては，すでにいくつかの解説書がある．本書はそれらの本とはなるべく内容が重ならないようした．サイバーグ–ウィッテン理論の基本的事項の詳細はそれらの本を見てほしい．サイバーグ–ウィッテン–フレアー安定ホモトピー型に関しては，なるべく本書で技術的な部分も含めて書くことにした．ところによっては技術的に煩雑な記述もある．本書を読むときは，まずは証明の詳細を理解するよりも，一度全体を通して読み，その後，気になる部分を詳しく読むということをお勧めする．

本書を執筆する機会を与えて頂いたサイエンス社と，執筆に関してご支援して頂いた編集部の大溝良平氏に感謝します．

2023 年 12 月

笹平 裕史

目　次

第 1 章
写像度と方程式

この章ではトポロジーで基本的な不変量である写像度を用いて，方程式の解の存在への応用を述べる．写像度とは，多様体の間の滑らかな写像 $f : M \to N$ に対して，一点の逆像 $f^{-1}(y_0)$ の元の個数を符号付きで数えることで定義される．写像度を計算することにより，$x \in M$ に対する方程式 $f(x) = y_0$ の解の存在を示せる場合がある．はじめに有限次元の多様体の間に対して写像度を定義し，その後，無限次元多様体の間の写像度を定義する．無限次元を考えることにより，微分方程式への応用を得られる．この章の議論は，第 5 章で 4 次元多様体上のサイバーグ–ウィッテン方程式に応用される．

1.1 代数方程式

方程式の典型例として代数方程式がある．まずは実数の範囲で考える．$a_0, \ldots, a_{n-1} \in \mathbb{R}$ として，実数係数多項式

$$f(x) = x^n + a_{n-1} x^{n-1} + \cdots + a_0$$

を考える．$x \in \mathbb{R}$ に対する方程式

$$f(x) = 0$$

を考える．$n = 2$ の場合，f は 2 次式で解の公式があり，解が厳密に求まる．しかし，n が大きくなると方程式の解を具体的に求めるのは非常に難しい．そこで，解を具体的に求めるという代わりに，解が存在するかどうかを考えてみる．これも一般には難しいが，場合によっては解の存在を示すことができる．n を奇数とする．このとき，

$$f(x) = x^n (1 + a_{n-1} x^{-1} + a_{n-2} x^{-2} + \cdots + a_0 x^{-n})$$

で，$\lim_{x \to -\infty} x^n = -\infty, \lim_{x \to \infty} x^n = \infty$ であるから，

$$\lim_{x \to -\infty} f(x) = -\infty, \quad \lim_{x \to \infty} f(x) = \infty$$

である．よって，十分大きい $M > 0$ をとると

$$f(-M) < 0, \; f(M) > 0$$

である．中間値の定理から，ある $x_0 \in [-M, M]$ が存在して，$f(x_0) = 0$ となる．

　数学の研究に現れる方程式は，解が具体的に式で書き表せるということは稀である．しかし，解が存在するということを証明できれば，それだけでも非常に有用なことがある．例えば，本書の第 5 章のサイバーグ–ウィッテン方程式は，解の存在から 4 次元幾何学への応用があることが知られている．

　上の議論では，$y = f(x)$ のグラフの大域的な様子を調べることにより，$f(x) = 0$ の解の存在を示した．大域的な図形の構造を調べる手法としてトポロジーがある．この節ではトポロジーを用いた方程式の解の存在を示す例を紹介する．

　トポロジーで重要な写像度を用いた議論で解の存在を示す．滑らかな関数

$$f : \mathbb{R} \to \mathbb{R}$$

で次の条件を満たすものを考える．

$$\exists \epsilon > 0, \exists M > 0 \; \forall x \in \mathbb{R}, |x| > M \Rightarrow |f(x)| > \epsilon. \tag{1.1}$$

このとき，f の写像度 $\deg f$ を次のように定義する．サードの定理から，ほとんどすべて $r \in \mathbb{R}$ は f の正則値である．つまり，各 $x_0 \in f^{-1}(r)$ に対して，$\frac{df}{dx}(x_0) \neq 0$ である．f の正則値 $r \in \mathbb{R}, |r| < \epsilon$ を 1 つ固定する．まず，次の補題が成り立つ．

補題 1.1. $f^{-1}(r)$ は有限集合である．

証明. r は f の正則値であるから，$f^{-1}(r)$ は 0 次元多様体である．また，仮定 (1.1) より $M > 0$ を十分大きく取ると，$f^{-1}(r)$ は区間 $[-M, M]$ の閉部分集合となっている．つまり，$f^{-1}(r)$ はコンパクトである．よって，$f^{-1}(r)$ は有限集合である． $\square$

　次に，$x_0 \in f^{-1}(r)$ に対して

$$\epsilon(x_0) = \begin{cases} +1 & \dfrac{df}{dx}(x_0) > 0 \text{ のとき,} \\[2mm] -1 & \dfrac{df}{dx}(x_0) < 0 \text{ のとき} \end{cases}$$

とおく．

定義 1.2. f の写像度 $\deg f \in \mathbb{Z}$ を

$$\deg f := \sum_{x_0 \in f^{-1}(r)} \epsilon(x_0)$$

により定義する.

$\deg f$ は, 方程式 $f(x) = r$ の解の個数を符号付きで数えているということになる. 写像度の基本的性質は, 正則値 $r \in \mathbb{R}$ を用いて定義したが, $\deg f$ は r の取り方に依存しないということである.

命題 1.3. $\deg f$ は f の正則値 $r \in \mathbb{R}$ の選び方によらない.

証明. $r' \in \mathbb{R}$, $|r'| < \epsilon$ をもう 1 つの f の正則値とする. $r \neq r'$ とする. このとき, 次の集合を考える.

$$X = \left\{ (x, s) \in \mathbb{R} \times [0, 1] \mid x \in f^{-1}((1 - s)r + sr') \right\}.$$

これは, 次の関数 F の零点集合である.

$$\begin{aligned} F: \quad \mathbb{R} \times [0, 1] \quad &\to \quad \mathbb{R} \\ (x, s) \quad &\mapsto \quad f(x) - (1 - s)r - sr' \end{aligned}$$

$\frac{\partial F}{\partial s}(x, s) = r - r' \neq 0$ より, $0 \in \mathbb{R}$ は F の正則値であり, 陰関数定理から, $X = F^{-1}(0)$ は境界付き 1 次元多様体である. 仮定 (1.1) より, 補題 1.1 と同様にして X はコンパクトであることが示せる. 次が成り立っている.

$$f^{-1}(r) \times \{0\} = X \cap (\mathbb{R} \times \{0\}),$$
$$f^{-1}(r') \times \{1\} = X \cap (\mathbb{R} \times \{1\}),$$
$$\partial X = f^{-1}(r) \times \{0\} \coprod f^{-1}(r') \times \{1\}.$$

接束 TX は $T(\mathbb{R} \times [0, 1]) = (\mathbb{R} \times [0, 1]) \times \mathbb{R}^2$ の部分束になっていて, ν を TX の $T(\mathbb{R} \times [0, 1])|_X$ における法束とする. 自然に同一視

$$\nu_{(x,0)} = \mathbb{R} \ (x \in f^{-1}(r)), \ \nu_{(x,1)} = \mathbb{R} \ (x \in f^{-1}(r'))$$

がある.

F の微分 dF は ν と自明束 $X \times \mathbb{R}$ との同一視を与えることになる. $(x, s) \in X$ に対して, $s(x, s) := (d_{(x,s)}F)^{-1}(1) \in \nu_{(x,s)}$ とおくと, s は ν の切断を与えていることになる. $(x_0, 0) \in f^{-1}(r) \times \{0\}$ のとき, 定義から, $s(x_0, 0) \in \mathbb{R} - \{0\}$ と $\frac{df}{dx}(x_0)$ の符号は一致する. また, 同様に $(x_0, 1) \in f^{-1}(r') \times \{1\}$ のとき, $s(x_0, 1)$ と $\frac{df}{dx}(x_0)$ の符号が一致する. X は図 1.1 のようになり, $\deg f$ は r, r' のどちらを用いて定義しても同じ値になっている. □

次が成り立つ.

補題 1.4. 条件 (1.1) を満たす連続関数 $f: \mathbb{R} \to \mathbb{R}$ に対して, $\deg f \neq 0$ であ

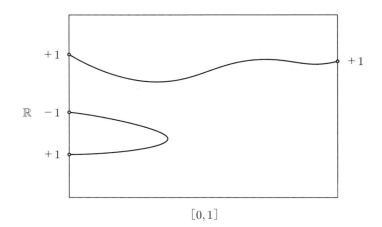

図 1.1 X の図.

るとする. このとき, $x \in \mathbb{R}$ に対する方程式 $f(x) = 0$ の解は存在する.

証明. 方程式 $f(x) = 0$ の解が存在しないとする. つまり, $f^{-1}(0) = \varnothing$ である. $0 \in \mathbb{R}$ は f の正則値で, $\deg f$ の定義から, $\deg f = 0$ である. 対偶をとると, 主張を得る. □

$\deg f$ の大事な性質は, ホモトピー不変性を持つことである.

命題 1.5. $f_0, f_1 : \mathbb{R} \to \mathbb{R}$ を連続写像で, ともに条件 (1.1) を満たすとする. さらにホモトピー

$$H : \mathbb{R} \times [0,1] \to \mathbb{R}$$

で, 次の条件を満たすものが存在したとする.

(i) $H(x,0) = f_0(x) \ (x \in \mathbb{R})$,
(ii) $H(x,1) = f_1(x) \ (x \in \mathbb{R})$,
(iii) $\exists \epsilon > 0, \exists M > 0$ s.t. $\forall s \in [0,1], \forall x \in \mathbb{R}, |x| > M \Rightarrow |H(x,s)| > \epsilon$.

このとき, $\deg f_0 = \deg f_1$ である.

証明は命題 1.3 と同様なので, 省略する. H に関する 3 番目の条件は, f_0 を f_1 へ変形する仮定で, 方程式 $f(x) = 0$ の解は $|x| > M$ の領域に入っていかず, $|x| \leqslant M$ の範囲に留まっているということである.

実数係数多項式 $f(x) = x^n + a_{n-1}x^{n-1} + \cdots + a_0$ を考える. n を奇数とする. $f(x)$ は条件 (1.1) を満たす. このとき, $H : \mathbb{R} \times [0,1] \to \mathbb{R}$ を

$$H(x,s) := x^n + (1-s)(a_{n-1}x^{n-1} + a_{n-2}x^{n-2} + \cdots + a_0)$$

により, 定義する. $f(x) = H(x,0)$, $H(x,1) = x^n$ であり, H は命題 1.5 の

3番目の条件を満たす．$\deg f$ を計算するためには，$f_1(x) = x^n$ を考えればよい．$f_1^{-1}(1) = \{1\}$ であり，$\frac{df}{dx}(1) = n > 0$ である．$1 \in \mathbb{R}$ は f_1 の正則値で

$$\deg f = \deg f_1 = 1$$

を得る．補題 1.4 より，方程式 $f(x) = 0$ の解が存在する．

次に複素平面上の関数について議論する．D を複素平面上の有界領域とする．ここで，領域とは連結な開集合である．$\bar{D}$ を D の閉包とする．また，C を $\bar{D}$ の境界とする．

滑らかな複素数値関数

$$f : \bar{D} \to \mathbb{C}$$

で，C 上には f は零点を持たないものを考える．したがって，空間対の間の写像

$$f : (\bar{D}, C) \to (\mathbb{C}, \mathbb{C}^*)$$

と考えることができる．ここで，$\mathbb{C}^* = \mathbb{C} \backslash \{0\}$ である．正則値 $r \in \mathbb{C}$ に対して $f^{-1}(r) \subset D$ は有限集合である．$z_0 \in f^{-1}(r)$ に対して，微分

$$d_{z_0} f : T_{z_0} D = \mathbb{C} \to \mathbb{C}$$

は実線形同型写像になっている．$T_{z_0} D, \mathbb{C}$ には複素構造から決まる向きを入れる．このとき，

$$\epsilon(z_0) := \begin{cases} +1 & d_{z_0} f \text{ が向きを保つ,} \\ -1 & d_{z_0} f \text{ が向きを保たない.} \end{cases}$$

さらに，f の写像度を

$$\deg f = \sum_{z_0 \in f^{-1}(r)} \epsilon(z_0) \in \mathbb{Z}$$

により定義する．

命題 1.6. 次が成り立つ．

(1) $\deg f$ は正則値 r の選び方に依存しない数である．

(2) $\deg f \neq 0$ ならば，$z \in \bar{D}$ に対する方程式 $f(z) = 0$ は解をもつ．

(3) $f_0, f_1 : \bar{D} \to \mathbb{C}$ は滑らかな関数で，$\partial \bar{D}$ で零点を持たないとする．もし，ホモトピー

$$H : (\bar{D} \times [0,1], C \times [0,1]) \to (\mathbb{C}, \mathbb{C}^*)$$

で，$H(x, 0) = f_0(x), H(x, 1) = f_1(x)$ $(x \in \bar{D})$ となるものが存在したと

する．このとき，

$$\deg f_0 = \deg f_1.$$

写像度を用いて代数学の基本定理を証明する．

定理 1.7（代数学の基本定理）．n を正の整数とする．$a_0, \ldots, a_{n-1} \in \mathbb{C}$ をとり，$f(z) = z^n + a_{n-1}z^{n-1} + \cdots + a_0$ とおく．このとき，$z \in \mathbb{C}$ に対する方程式 $f(z) = 0$ が存在する．

証明． $R \gg 0$ をとると，$|z| = R$ のとき，三角不等式から，

$$
\begin{aligned}
|f(z)| &\geqslant |z|^n - a_{n-1}|z|^{n-1} - \cdots - |a_0| \\
&= R^n \left(1 - \frac{|a_{n-1}|}{R} - \cdots - \frac{|a_0|}{R^n} \right) \\
&> 0.
\end{aligned}
$$

よって，$D = \{z \in \mathbb{C} \mid |z| < R\}$ とすると，$\partial \bar{D}$ で f は零点を持たない．ホモトピー

$$H : \bar{D} \times [0,1] \to \mathbb{C}$$

を

$$H(z,s) = z^n + (1-s)(a_{n-1}z^{n-1} + \cdots + a_0)$$

により定義する．H は $\partial \bar{D}$ で零点を持たない．また

$$H(z,0) = f(z), \; H(z,1) = z^n$$

である．命題 1.6(3) より，$f_1(z) = z^n$ とすると，$\deg f = \deg f_1(z)$ である．$1 \in \mathbb{C}$ は f_1 の正則値で，$f_1^{-1}(1) = \{e^{\frac{2k\pi i}{n}} \mid k = 0, 1, \ldots, n-1\}$ である．各 k に対して，$\epsilon(e^{\frac{2k\pi i}{n}}) = +1$ となる．したがって，

$$\deg f = n \neq 0$$

である．よって，命題 1.6 (2) より $f(z) = 0$ の解が存在する． $\square$

1.2 ポントリャーギン–トム構成

より一般に写像度を次のように定義できる．M を向きの付いたコンパクトで滑らかな n 次元多様体とする．$\partial M = \varnothing$ のとき，滑らかな写像

$$f : M \to S^n$$

を考える．$\partial M \neq \varnothing$ のときは，滑らかな写像

$$f : (M, \partial M) \to (D^n, D^n \backslash \{0\})$$

を考える.

以後, $\partial M = \varnothing$ の場合を考える. $\partial M \neq \varnothing$ の場合もほぼ同様に議論できる.

$y \in S^n$ を取り, $x \in M$ に対する方程式 $f(x) = y$ の解の存在を写像度を用いて調べる.

$r \in S^n$ を正則値であるとする. $x_0 \in f^{-1}(r)$ に対して, 微分

$$d_{x_0} f : T_{x_0} M \to T_r S^n$$

は同型写像である.

$$\epsilon(x_0) := \begin{cases} +1 & d_{x_0} f \text{ が向きを保つとき}, \\ -1 & d_{x_0} f \text{ が向きを保たないとき} \end{cases}$$

とおく. このとき, 写像度 $\deg f \in \mathbb{Z}$ を

$$\deg f := \sum_{x_0 \in f^{-1}(r)} \epsilon(x_0)$$

で定義する.

命題 1.8. 次が成り立つ.

(1) $\deg f$ は正則値 r の選び方に依存しない.
(2) $\deg f$ はホモトピー不変量である.
(3) $\deg f \neq 0$ なら, 任意の $y \in S^n$ に対して, $f^{-1}(y) \neq \varnothing$ である.

この命題の (3) は, 任意の $y \in S^n$ に対して, $x \in M$ に対する方程式 $f(x) = y$ が解が存在するということである.

いまは写像 f の定義域と値域が同じ次元を考えていた. 2 つの次元が違う場合を考えてみる. M を向きの付いた滑らかな m 次元閉多様体とし, 滑らかな写像

$$f : M \to S^n$$

を考える. $m < n$ の場合は, サードの定理から, 測度 0 の集合 $A \subset S^n$ があって, $y \in S^n - A$ に対して, $f^{-1}(y) = \varnothing$ となる. $m > n$ の場合を考える. $r \in S^n$ を f の正則値とする. このとき, 陰関数定理から, $N := f^{-1}(r)$ は M の $m - n$ 次元部分多様体である. ν を TN の $TM|_N$ における法ベクトル束とする.

$$TN \oplus \nu = TM|_N.$$

$m = n$ のときは, f の微分を用いて, N の元 x_0 に対して, $d_{x_0} f$ を用いて符号 $\epsilon(x_0)$ を定義した. ここでは, df を用いて, ν の自明化を入れる.

$$d_{x_0}f : \nu_{x_0} \xrightarrow{\cong} T_r S^n \cong \mathbb{R}^n.$$

よって，組 (N, τ) を得たことになる．N は M の $n-m$ 次元部分多様体，τ は N の M における法ベクトル束 ν の自明化 $\tau : \nu \xrightarrow{\cong} \mathbb{R}^n$ である．(N, τ) の枠付き同境類というものを考えると，r に選び方によらず f のホモトピー不変量となる．

$(N_0, \tau_0), (N_1, \tau_1)$ が枠付き同境であるとは，$M \times [0, 1]$ の中の部分多様体 $\tilde{N}$ で

$$\partial \tilde{N} = -N_0 \times \{0\} \coprod N_1 \times \{1\}$$

となるものと，$\tilde{N}$ の $M \times [0, 1]$ における法ベクトル束 $\tilde{\nu}$ の自明化

$$\tilde{\tau} : \tilde{\nu} \xrightarrow{\cong} \mathbb{R}^n$$

で

$$\tilde{\tau}|_{-N_0 \times \{0\}} = \tau_0, \quad \tilde{\tau}|_{N_1 \times \{1\}} = \tau_1$$

となるものが存在するときをいう．これは同値関係になる．このとき $(N_0, \tau_0) \sim (N_1, \tau_1)$ と表すことにする．非負整数 d に対して，**枠付き同境類**の集合を $\Omega_d^{\mathrm{fr}}(M)$ と書く．

$$\Omega_d^{\mathrm{fr}}(M)$$
$$= \left\{ (N, \tau) \left| \begin{array}{l} N \text{ は } M \text{ の } d \text{ 次元部分多様体,} \\ \tau \text{ は } N \text{ の } M \text{ における法ベクトル束 } \nu \text{ の自明化} \end{array} \right. \right\} \Big/ \sim .$$

命題 1.9. 滑らかな写像 $f : M \to S^n$ に対して，(N, τ) を上で構成されたものとする．つまり，f の正則値 $r \in S^n$ があって，$N = f^{-1}(r)$．また，ν を N を M における法束とするとき，τ は f の微分を用いて定義された ν の自明化である．次が成り立つ．

(1) 滑らかな写像 $f : M \to S^n$ に対して，$PT(f) := [N, \tau] \in \Omega_{n-m}^{\mathrm{fr}}(M)$ は正則値 $r \in S^n$ の選び方に依存しない．

(2) $f_0, f_1 : M \to S^n$ を滑らかな写像とする．f_0 と f_1 がホモトピックならば，$PT(f_0) = PT(f_1)$ である．

(3) $PT(f) \neq 0$ であるとき，任意の $s \in S^n$ に対して，$f^{-1}(s) \neq \varnothing$ である．ここで，$0 \in \Omega_{n-m}^{\mathrm{fr}}(M)$ は空集合で代表される元である．

f に対して，$PT(f) \in \Omega_{n-m}^{\mathrm{fr}}(M)$ を対応されることをポントリャーギン–トム構成という．上の議論では $f : M \to S^n$ を滑らかな写像とした．連続写像 $f : M \to S^n$ に対して，C^0 位相に関していくらでも f に近い滑らかな写像 $g : M \to S^n$ が取れる．よって，$PT(f)$ は連続写像 f に対して定義できる．

次の定理が成り立つ.

定理 1.10. $[M, S^n]$ を連続写像 $f : M \to S^n$ のホモトピー類の集合とする. ポントリャーギン-トム構成による写像

$$PT : [M, S^n] \to \Omega^{\mathrm{fr}}_{m-n}(M)$$

は全単射である.

証明. PT の逆写像は次のように定義できる. $[N, \tau] \in \Omega^{\mathrm{fr}}_{m-n}(M)$ をとる. N の M における法束 ν は N の M における管状近傍と同一視できる. τ を用いると, $N \times B^n$ が M に N の管状近傍として埋め込まれている. $B^n = \{x \in \mathbb{R}^n \mid \|x\| \leqslant 1\}$ である. そこで, $f : M \to S^n$ を次で定義する.

$$f(p, q) = [q] \in B^n/\partial B^n = S^n \quad ((p, q) \in N \times B^n),$$
$$f(x) = * \quad (x \in M \backslash N \times B^n).$$

ここで, $* \in S^n$ は ∂B^n で代表される $S^n(= B^n/\partial B^n)$ の点. この対応により定義される写像

$$\Omega^{\mathrm{fr}}_{m-n}(M) \to [M, S^n]$$

が PT の逆写像になる. 詳細は各自に任せる. □

もう 1 つの同境群である**向き付き同境群** $\Omega^{\mathrm{ori}}_d(M)$ を, 次のように定義する.

$$\Omega^{\mathrm{ori}}_d(M) = \left\{ (N, f) \,\middle|\, \begin{array}{l} N \text{ は } M \text{ の向きのついた } d \text{ 次元部分多様体,} \\ f : N \to M \text{ は連続写像} \end{array} \right\} \Big/ \sim .$$

同値関係 $\sim$ は次で定義される.

$$(N_0, f_0) \sim (N_1, f_1)$$
$$\Leftrightarrow \text{ある向きのついたコンパクト } d + 1 \text{ 次元多様体 } \tilde{N} \text{ と}$$
$$\quad \text{連続写像 } \tilde{f} : \tilde{N} \to M \text{ があり,}$$
$$\partial \tilde{N} = -N_0 \coprod N_1, \; \tilde{f}|_{\partial W} = f_0 \coprod f_1.$$

M は向き付けられた m 次元多様体であるとする. つまり, 自明化 $\Lambda^m TM \cong \underline{\mathbb{R}}$ が与えられているとする. ここで, $\underline{\mathbb{R}}$ は $\mathbb{R}$ をファイバーとする M の自明束である. $[(N, \tau)] \in \Omega^{\mathrm{fr}}_d(M)$ とする. このとき,

$$TM|_N = TN \oplus \nu$$

で ν には自明化 τ が与えられている. よって, 自明化

$$\Lambda^d TN \cong \Lambda^m TM \otimes \left(\Lambda^{m-d} \nu\right)^* \cong \underline{\mathbb{R}}$$

を得る．したがって，N は向きの付いた多様体である．これにより well-defined
な写像

$$\Omega_d^{\mathrm{fr}}(M) \to \Omega_d^{\mathrm{ori}}(M), \ [N, \tau] \mapsto [N, \iota]$$

が得られる．$\iota : N \hookrightarrow M$ は包含写像．PT と合成し，写像

$$PT : [M, S^n] \to \Omega_d^{\mathrm{ori}}(M)$$

が定義できる（同じ PT で書く）．

　ポントリャーギン–トム構成の一般論については，例えば，ルディヤクの本[62]
の Chapter IV, §7 を見よ．

　ポントリャーギン–トム構成の変種をサイバーグ–ウィッテン方程式に適用する
ことにより，4 次元多様体の不変量が定義されることを 5.5 節で述べる．

1.3　微分方程式

　1.1 節では有限次元上で写像度を考えることにより，代数方程式に解の存在
を示した．ここでは，写像度を無限次元の設定に拡張することで，微分方程式
の解の存在が示せることがあるということを見る．写像度を無限次元で考える
というのはルレイ–シャウダー[43]による．

　X をバナッハ空間とする．Ω を X の有界領域とする（領域とは連結な開集
合のこと）．連続写像

$$F : \bar{\Omega} \to X$$

で

$$F = I - K$$

と書けるものを考える．ただし，I は X の恒等写像，K はコンパクト写像と
する．

　X の有限次元部分空間の列 X_n $(n = 1, 2, \dots)$ と X_n への射影

$$p_n : X \to X_n$$

で，

$$\lim_{n \to \infty} p_n(x) = x \ (\forall x \in X), \quad \|p_n\| \leqslant C$$

となるものがあったとする．$\|p_n\|$ は p_n の作用素ノルムで，$C > 0$ は n に依存
しない定数である．

$$F_n : \bar{\Omega} \cap X_n \to X_n$$

を

$$F_n = I - p_n K \tag{1.2}$$

により定義する.

$y \in X$ で, $y \notin F(\partial\Omega)$ となるものを固定する.

補題 1.11. y の X における開近傍 U が存在して, 十分大きな n と $y' \in U$ に対して,

$$y' \notin F_n(X_n \cap \partial\Omega)$$

となる.

証明. 主張が正しくないと仮定すると, X_n の適当な部分列（同じ X_n で表す）と $x_n \in X_n \cap \partial\Omega$ があって

$$F(x_n) \to y \ (n \to \infty)$$

となる. $\partial\Omega$ は有界で, K はコンパクト写像であるから, さらに適当に部分列を取ると, $K(x_n)$ はある $z \in X$ へ収束する.

$$\|p_n K(x_n) - z\| \leqslant \|p_n K(x_n) - p_n z\| + \|p_n z - z\|$$
$$\leqslant C\|K(x_n) - z\| + \|p_n z - z\|$$

より,

$$p_n K(x_n) \to z \ (n \to \infty)$$

がいえる.

$$x_n = F_n(x_n) + p_n K(x_n)$$

だから, x_n は $y + z$ へ収束する. さらに,

$$\|p_n K(x_n) - K(y + z)\|$$
$$= \|p_n K(x_n) - p_n K(y + z)\| + \|p_n K(y + z) - K(y + z)\|$$
$$\leqslant C\|K(x_n) - K(y + z)\| + \|p_n K(y + z) - K(y + z)\|$$

より

$$p_n K(x_n) \to K(y + z)$$

となる.

$\partial\Omega$ は閉集合と開集合の差集合

$$\bar{\Omega} \backslash \operatorname{Int} \Omega$$

と書けるから，$\partial\Omega$ は閉集合である．n に対して，$x_n \in \partial\Omega$ であるから，その極限 $y + z$ も $\partial\Omega$ の元である．

$$F_n(x_n) = x_n - p_n K(x_n)$$

において $n \to \infty$ とすると

$$y = y + z - K(y + z) = F(y + z)$$

となり，$y \notin F(\partial\Omega)$ に矛盾する． $\qquad\qquad\square$

定義 1.12. $y \notin F(\partial\Omega)$ とする．U を補題 1.11 の主張を満たす y の十分小さい開近傍とする．写像度 $\deg(F, \bar{\Omega}, y) \in \mathbb{Z}$ を，

$$\deg(F, \bar{\Omega}, y) := \deg(F_n, \bar{\Omega} \cap X_n, y')$$

により定義する．ただし，n は十分大きい整数であり，$y' \in U \cap X_n$ は F_n の正則値である．

　上の定義の右辺は，有限次元の場合の通常の写像度である．つまり，

$$\deg(F_n, \bar{\Omega} \cap X_n, y') = \sum_{x \in F_n^{-1}(y')} \epsilon(x).$$

ここで，

$$\epsilon(x) = \begin{cases} +1 & d_x F_n : X_n \to X_n \text{ が向きを保つ}, \\ -1 & d_x F_n : X_n \to X_n \text{ が向きを逆にする}. \end{cases}$$

である．ただし，X_n の向きを 1 つ固定して考える（$\epsilon(x)$ の値は，X_n の向きの選び方によらない）．

　次の命題が成り立つ．

命題 1.13. 次が成り立つ．

(1) $\deg(F, \bar{\Omega}, y)$ は正則値 $y' \in U \cap X_n$ の取り方に依存しない．

(2) $\deg(F, \bar{\Omega}, y)$ は十分大きい n の取り方に依存しない．

(3) $\deg(F, \bar{\Omega}, y) \neq 0$ ならば，ある $x_0 \in \Omega$ が存在して，$F(x_0) = y$ となる．

(4) $\{K_s\}_{s \in [0,1]}$ はコンパクト写像の族で，s に関して連続であるとする．さらに，$F_s : \bar{\Omega} \to X$ を $F_s = I - K_s$ で定義する．$y \in X$ が

$$y \notin F_s(\partial\Omega) \quad (\forall s \in [0, 1])$$

を満たすとすると，

$$\deg(F_0, \Omega, y) = \deg(F_1, \Omega, y)$$

である．

証明. (1), (2), (4) の証明は各自に任せる．ここでは，(3) の証明を行う．n を十分大きいとして，$\deg(F_n, \Omega \cap X_n, y) \neq 0$ であるから，命題 1.8 より，ある $x_n \in \Omega \cap X_n$ が存在して，

$$F_n(x_n) = y \tag{1.3}$$

となる．よって

$$x_n = p_n K(x_n) + y$$

である．補題 1.11 の証明の議論と同様に，適当な部分列を取ると，$p_n K(x_n)$ は収束することが示せる．ゆえに，x_n は収束する．x_n の極限を x_0 とする．(1.3) において，$n \to \infty$ とすると，補題 1.11 の証明と同様に

$$F(x_0) = y$$

となる．□

具体的応用として，次のような常微分方程式を考える．

$$f : [0,1] \times \mathbb{R} \times \mathbb{R} \to \mathbb{R}$$

を与えられた連続関数とする．このとき，$x : [0,1] \to \mathbb{R}$ に対するディリクレ問題

$$\frac{d^2 x}{dt^2}(t) = f\left(t, x(t), \frac{dx}{dt}(t)\right),\ x(0) = x(1) = 0 \tag{1.4}$$

を考える．この方程式の典型例としては，外力のある振り子の運動方程式がある．ルレイ–シャウダー写像度を用いて，次を証明する．

定理 1.14. 関数 f の像が有界ならば，方程式 (1.4) は解を持つ．

この定理の証明の概略を述べる．

$X = \{g \in C^2([0,1]) | g(0) = g(1) = 0\}$ とする．X のノルムは

$$\|g\|_X = \sup\left\{|g(t)| + \left|\frac{dg}{dt}(t)\right| + \left|\frac{d^2 g}{dt^2}(t)\right| \,\middle|\, t \in [0,1]\right\}$$

を考える．X はバナッハ空間になる．$Y = C^0([0,1])$ として，Y のノルムとして

$$\|g\|_Y = \sup\{|g(t)| | t \in [0,1]\}$$

を考える．このとき，Y もバナッハ空間である．有界線形作用素

$$L : X \to Y$$

を

$$L(g) = \frac{d^2 g}{dt^2}$$

により定義する.

簡単な計算により, 次を示せる.

補題 1.15. 作用素 $L : X \to Y$ は全単射である.

$x \in X$ に対して, $f(\cdot, x, x')$ を $t \mapsto f(t, x(t), x'(t))$ により定義される関数とする. ここで, $x' = \frac{dx}{dt}$ である. $f(\cdot, x, x') \in Y$ となる. $f(\cdot, x, x')$ に L^{-1} を作用させて得られる X の元を $K(x)$ と書く. (1.4) を解くのは次の方程式を解くことと同値である.

$$x - K(x) = 0 \ (x \in X).$$

次を示すことができる.

補題 1.16. 写像 $K : X \to X$ はコンパクト写像である.

$F : X \to X$ を $F(x) = x - K(x)$ と定義する. また, $s \in [0, 1]$ に対して, $F_s : X \to X$ を $F(x) = x - sK(x)$ と定義する. $F_0 = I$, $F_1 = F$ である.

補題 1.17. f の像が有界であると仮定する. 十分大きい $R > 0$ を取ると, $s \in [0, 1]$ に対して,

$$0 \notin F_s(\partial B(X, R))$$

である. ここで, $B(X, R) = \{x \in X \, | \, \|x\|_X \leqslant R\}$.

定理 1.14 の証明

補題 1.17, 命題 1.13(4) より,

$$\deg(F, B(X, R), 0) = \deg(F_0, B(X, R), 0) = \deg(I, B(X, R), 0) = 1.$$

よって, 命題 1.13(3) より, ある $x_0 \in B(X, R)$ が存在して, $F(x_0) = 0$ となる. x_0 は方程式 (1.4) の解である. □

方程式 (1.4) では, 写像 f はリプシッツ連続とは仮定してないことに注意. 通常の微分方程式の解の存在定理では, f はリプシッツ連続を仮定しているが, 今回の手法を用いれば, それよりも弱い仮定の下で存在定理を示すことができる (ただし, 解の一意性は証明していない).

ルレイ–シャウダー理論の別の方程式への応用として, ナビエ–ストークス方程式の弱解の存在証明がある. 詳細は例えば, サイの本[76]を見よ.

この節で考えた有限次元近似の方法を**サイバーグ–ウィッテン方程式**に適用し, 4 次元トポロジーへの応用を得ることを, 第 5 章で見る.

第 2 章
ボルスク–ウラム型定理

トポロジーにおける古典的な定理のボルスク–ウラム型定理やその変種を紹介する．ボルスク–ウラム型定理の主張（の 1 つ）は，球面の間に群作用に関して同変な連続写像があると，定義域の球面の次元と値域の球面の次元の間に不等式が成り立つ，というものである．第 5 章において，ボルスク–ウラム型定理をサイバーグ–ウィッテン方程式の有限次元近似に適用することにより，4次元トポロジーへの応用を得るということ見る．

2.1　ボルスク–ウラム型定理と $\mathbb{Z}_2$ 写像

ボルスク–ウラム型定理は現在，様々なバージョン，一般化が知られている．ここでは，最も古典的なボルスク–ウラム型定理で $\mathbb{Z}_2$ 同変写像に関するものを説明する．$\mathbb{R}^n$ や $S^n = \{x \in \mathbb{R}^{n+1} | \|x\| = 1\}$ への $\mathbb{Z}_2 = \{1, -1\}$ の作用を通常のスカラー積で定義する．また，$B^n = \{x \in \mathbb{R}^n | \|x\| \leqslant 1\}$ とする．

定理 2.1（ボルスク–ウラム型定理）．次の各命題が成り立ち，また，互いに同値である．

(i) $k \leqslant n$ とする．$\mathbb{Z}_2$ 同変な連続写像 $f : S^n \to \mathbb{R}^k$ に対して，ある $x_0 \in \mathbb{S}^n$ が存在して，$f(x_0) = 0$ となる．

(ii) 連続写像 $f : S^n \to \mathbb{R}^n$ に対して，ある $x_0 \in S^n$ が存在して，

$$f(x_0) = f(-x_0)$$

となる．

(iii) $\mathbb{Z}_2$ 同変な連続写像 $f : S^m \to S^n$ が存在するならば，$m \leqslant n$ である．

(iv) 連続写像 $f : B^n \to S^{n-1}$ で，制限 $f|_{S^{n-1}}$ が $\mathbb{Z}_2$ 同変であるようなものは存在しない．

(v) $U_1, \ldots, U_{n+1}$ を S^n の開集合で，$S^n = U_1 \cup \cdots \cup U_{n+1}$ とする．このと

き，ある $i_0 \in \{1, \dots, n+1\}$ が存在して，$U_{i_0} \cap (-U_{i_0}) \neq \varnothing$.

この定理が，非常に非自明な主張していることを実感する例がある．S^2 を地球の表面として，関数 $f: S^2 \to \mathbb{R}^2$ として，

$$f(x) = (x \text{ における気温}, x \text{ における気圧})$$

をとる．定理 2.1 (ii) より，地球上のある点 $x_0 \in S^2$ が存在して，x_0 と地球の反対側 $-x_0$ における気温，気圧が全く一致しているということになる．定理 2.1 の詳細は，マトウシェクの本[55]を参照．この後，我々が必要になるのは，定理 2.1 (iii) の変種である．定理 2.1 (iii) の証明をここで述べる．

定理 2.1 (iii) の証明

f は $\mathbb{Z}_2$ 同変であるから，f は連続写像

$$g: \mathbb{R}\mathbb{P}^m \to \mathbb{R}\mathbb{P}^n$$

を誘導する．$\mathbb{Z}_2$ 係数コホモロジー環は

$$H^*(\mathbb{R}\mathbb{P}^m; \mathbb{Z}_2) \cong \mathbb{Z}_2[\alpha]/(\alpha^{m+1}),$$
$$H^*(\mathbb{R}\mathbb{P}^n; \mathbb{Z}_2) \cong \mathbb{Z}_2[\beta]/(\beta^{n+1})$$

で与えられる．α, β はそれぞれ $H^1(\mathbb{R}\mathbb{P}^m; \mathbb{Z}_2)$, $H^1(\mathbb{R}\mathbb{P}^n; \mathbb{Z}_2)$ の生成元である．このとき，

$$g^*(\beta) = \alpha$$

となる（証明は各自に任せる）．g^* は環準同型であるから

$$0 = g^*(\beta^{n+1}) = g^*(\beta)^{n+1} = \alpha^{n+1}$$

となる．これから，$m \leqslant n$ を得る． $\square$

2.2 K 理論と写像度

この後必要になる定理 2.1(iii) の変種を証明する．それは写像度を K 理論で考えることによって得られる．まず，**ボット同型**を思い出す．G をコンパクトなリー群とし，$\tilde{K}_G$ を簡約 G 同変 K 理論とする．K 理論については，アティヤの本[9]やシーガルの論文[69]を参照．$R(G)$ は G の複素表現環とする．

定理 2.2. V を G の複素表現とする．このとき，**ボット類**と呼ばれる元 $b_V \in \tilde{K}_G(V^+)$ が存在し，$\tilde{K}_G(V^+)$ は b_V を基底とする自由 $R(G)$ 加群である．ここで，V^+ は V の一点コンパクト化 $V \cup \{\infty\}$ である．

この定理を踏まえて次の定義を行う．

定義 2.3. V, W を G の複素表現とする．$f : V^+ \to W^+$ を G 同変写像とする．このとき，f の K_G-写像度 $a_G(f) \in R(G)$ を

$$f^*(b_W) = a_G(f) b_V$$

により定義する．

　G 複素表現 V, W に G 不変な計量を入れる．H を G の閉部分群とする．H-不動点を V^H と書く．直交分解

$$V = V^H \oplus V_H$$

がある．V_H は V^H の直交補空間である．$i_{V^H} : V^H \hookrightarrow V$ を包含写像とする．i_{V^H} が誘導する写像

$$i_{V^H}^* ; \tilde{K}_G(V^+) \to \tilde{K}_H((V^H)^+)$$

を考える．また，W^H, W_H も同様に定義する．次に以下の定義を行う．

定義 2.4. $\lambda(V_H) \in R(H)$ を

$$i_{V^H}^* b_V = \lambda(V_H) b_{V^H}$$

により定義する．このとき，

$$\lambda(V_H) = \sum_{i=0}^{\dim V_H} (-1)^i \Lambda^i V_H$$

となる．ここで，$\Lambda^i V_H$ は i 次外積である（詳しくはアティヤの論文[10]を参照）．

　もし，$\dim V^H = \dim W^H$ ならば，$f^H : (V^H)^+ \to (W^H)^+$ の通常の写像度 $d(f^H) \in \mathbb{Z}$ が定義される．

補題 2.5. $\dim V^H = \dim W^H$ と仮定する．このとき，次が成り立つ．

$$d(f^H) \lambda(W_H) = a_H(f) \lambda(V_H).$$

証明. $r_H : R(G) \to R(H)$ を表現の制限による準同型写像とする．定義から

$$(f^H)^*(b_{W^H}) = d(f^H) b_{V^H}, \quad r_H(a_G(f)) = a_H(f)$$

が成り立つことがわかる．可換図式

$$
\begin{array}{ccc}
\tilde{K}_G(W^+) & \xrightarrow{f^*} & \tilde{K}_G(V^+) \\
{\scriptstyle i_{W^H}^*} \downarrow & & \downarrow {\scriptstyle i_{V^H}^*} \\
\tilde{K}_H((W^H)^+) & \xrightarrow[(f^H)^*]{} & \tilde{K}_H((V^H)^+)
\end{array}
$$

から主張を得る． $\qquad\square$

次が S^1 同変ボルスク–ウラム型定理である.

定理 2.6. m, n, n' を正の整数とする. $S^1 = \{z \in \mathbb{C} \,||\, z| = 1\}$ は複素数としての掛け算として $\mathbb{C}$ への作用し, $\mathbb{R}$ には S^1 は自明に作用しているとする. $f : (\mathbb{R}^m \oplus \mathbb{C}^n)^+ \to (\mathbb{R}^m \oplus \mathbb{C}^{n'})^+$ を S^1 同変写像とする. f の S^1 不動点への制限 $f^{S^1} : (\mathbb{R}^m)^+ \to (\mathbb{R}^m)^+$ が同相ならば, $n \leqslant n'$ である.

証明. f の複素化

$$f_c : ((\mathbb{R}^m \oplus \mathbb{C}^n) \otimes_{\mathbb{R}} \mathbb{C})^+ \to \left((\mathbb{R}^m \oplus \mathbb{C}^{n'}) \otimes_{\mathbb{R}} \mathbb{C} \right)^+$$

を考える.

$$\mathbb{C} \otimes_{\mathbb{R}} \mathbb{C} = \mathbb{C}_{(1)} \oplus \mathbb{C}_{(-1)}, \quad \mathbb{R} \otimes_{\mathbb{R}} \mathbb{C} = \mathbb{C}_0$$

である. ここで, $\mathbb{C}_{(k)}$ はウェイト k の S^1 表現である. 補題 2.5 を f_c に適用すると,

$$d(f_c^{S^1}) \lambda (\mathbb{C}_1^{n'} \oplus \mathbb{C}_{-1}^{n'}) = a_{S^1}(f) \lambda (\mathbb{C}_1^n \oplus \mathbb{C}_{-1}^n).$$

仮定より, $d(f_c^{S^1}) = \pm 1$ である. また, $t \in S^1$ に対して,

$$\mathrm{Tr}(t|\lambda(\mathbb{C}_1^n \oplus \mathbb{C}_{-1}^n)) = (1-t)^n (1 - t^{-1})^n,$$
$$\mathrm{Tr}(t|\lambda(\mathbb{C}_1^{n'} \oplus \mathbb{C}_{-1}^{n'})) = (1-t)^{n'} (1 - t^{-1})^{n'}.$$

よって, $t \neq 1$ のとき,

$$\mathrm{Tr}(t|a_{S^1}(f)) = \pm(1-t)^{n'-n} (1 - t^{-1})^{n'-n}$$

を得る. $t \to 1$ とすると, 左辺は $\mathrm{rank}\, a_{S^1}(f)$ に収束する. よって, 右辺も収束するが, そのためには, $n' - n \geqslant 0$ である必要がある. $\qquad\square$

2.3 Pin(2) 同変写像

Pin(2) を次で定義される群とする.

$$\mathrm{Pin}(2) = S^1 \cup S^1 j = \{z \in \mathbb{C} \,||\, z| = 1\} \cup \{zj | z \in \mathbb{C}, |z| = 1\} \subset \mathbb{H}.$$

$\mathbb{H}$ は四元数体である. ここでは, $\mathrm{Pin}(2)$ 同変ボルスク–ウラム型定理を証明する. これは古田幹雄氏[29]によって, spin4 次元多様体の交叉形式に対する $\frac{10}{8}$-不等式を示すために, 用いられた. 以下, 断らない限り, この節では $G = \mathrm{Pin}(2)$ とする. $\tilde{\mathbb{R}}$ を G の非自明な 1 次元表現とする. $t \in S^1$, $x \in \tilde{\mathbb{R}}$ に対して,

$$t \cdot x = x, \quad j \cdot x = -x$$

で表現が定義されている. $\tilde{\mathbb{C}} := \tilde{\mathbb{R}} \otimes_{\mathbb{R}} \mathbb{C}$ とおく. 左からのスカラー倍で $\mathbb{H}$ を

G 表現と見る.

命題 2.7. (1) 複素表現環 $R(G)$ は $\tilde{c} = [\tilde{\mathbb{C}}]$, $h = [\mathbb{H}]$ で生成され，次の関係式がある.

$$\tilde{c}^2 = 1, \quad \tilde{c}h = h.$$

自然な同型

$$R(G) \cong \mathbb{Z}[\tilde{c}, h]/(\tilde{c}^2 - 1, \tilde{c}h - h)$$

がある．さらに，$w = \lambda(\tilde{c}) = 1 - \tilde{c}, z = \lambda(h) = 2 - h$ とおくと，

$$R(G) = \mathbb{Z}[w, z]/(w^2 - 2w, zw - 2w).$$

(2) 制限写像 $R(G) \to R(S^1)$ に関して，

$$\ker(R(G) \to R(S^1)) = \{\alpha w | \alpha \in \mathbb{Z}\}$$

が成り立つ.

証明. $\mathbb{H} = \mathbb{C} \oplus \mathbb{C}j$ で，複素ベクトル空間としては $\mathbb{C}$ が左からの積でスカラー倍が定義される．また，G の作用を右からの積で定義することにより，G 表現空間と見る．$\mathbb{H} = \mathbb{C} \oplus \mathbb{C}j$ に $e^{i\theta} \in S^1 \subset G$ は

$$\begin{pmatrix} e^{i\theta} & 0 \\ 0 & e^{-i\theta} \end{pmatrix}$$

で作用し，j は

$$\begin{pmatrix} 0 & 1 \\ -1 & 0 \end{pmatrix}$$

で作用する．$\tilde{c}^2 = 1$ は定義からすぐに確かめられる．また G-表現空間としての同型

$$\mathbb{H} \otimes_{\mathbb{C}} \tilde{\mathbb{C}} \to \mathbb{H}$$
$$(v_1 + v_2 j) \otimes v' \mapsto v_1 v' - v_2 v' j$$

があるので，

$$\tilde{c}h = h$$

が成り立つ.

$\mathbb{C}_{(m)}$ を S^1 のウェイト m の 1 次元表現とする．V を G 表現空間とする．V を S^1 表現として見ると次の分解がある.

$$V = \bigoplus_m a_m \mathbb{C}_{(m)}.$$

ここで，a_m は 0 以上の整数で，有限個の m を除いて 0 である．

$\theta \in \mathbb{R}$ に対して，

$$je^{i\theta} = e^{-i\theta}j$$

であるから，j の作用は $\mathbb{C}_{(m)}$ と $\mathbb{C}_{(-m)}$ を入れ替える．よって

$$a_m = a_{-m}$$

となる．また j は $\mathbb{C}_{(0)}$ を保つ．$\mathbb{C}_{(0)}$ への j の作用は 1 か -1 のどちらかである．よって，G 表現空間として

$$V = a\mathbb{C} \oplus a'\tilde{\mathbb{C}} \oplus \bigoplus_{m>0} a_m \mathbb{H}_{(m)}$$

と書ける．ただし，$\mathbb{H}_{(m)} = \mathbb{C}_{(m)} \oplus \mathbb{C}_{(m)}j$ である．$j^2 = -1 = e^{i\pi}$ であるから，m が偶数のときは j の作用は位数 2，m が奇数のときは j の作用は位数 4 になる．よって，j の $\mathbb{H}_{(m)}$ への作用は

$$\begin{pmatrix} 0 & (-1)^m \\ 1 & 0 \end{pmatrix}$$

で与えられる．さらに G 表現空間の同型

$$\mathbb{H}_{(1)} \otimes_{\mathbb{C}} \mathbb{H}_{(1)} \cong \mathbb{H}_{(2)} \oplus \tilde{\mathbb{C}} \oplus \tilde{\mathbb{C}}$$

が

$$(v_1 + v_2 j) \otimes (v_1' + v_2' j) \mapsto (v_1 v_1' + v_2 v_2' j, v_1 v_2' + v_2 v_1', v_1 v_2' - v_2 v_1')$$

で与えられる．$\mathbb{H}_{(1)}$ は標準的表現 $\mathbb{H}$ であるから，$R(G)$ の中で等式

$$[\mathbb{H}_{(2)}] = [\mathbb{H}]^2 - 2[\tilde{\mathbb{C}}]$$

が成り立つ．また，$m > 0$ に対して G 表現空間としての同型

$$\mathbb{H}_{(m)} \otimes_{\mathbb{C}} \mathbb{H}_{(1)} \quad \cong \quad \mathbb{H}_{(m+1)} \oplus \mathbb{H}_{(m-1)} \otimes_{\mathbb{C}} \tilde{\mathbb{C}}$$
$$(v_1 + v_2 j) \otimes (v_1' + v_2' j) \quad \mapsto \quad (v_1 v_1' + v_2 v_2' j, v_1 v_2' + v_2 v_1' j)$$

がある．$R(G)$ の中で

$$[\mathbb{H}_{(m+1)}] = [\mathbb{H}_{(m)}][\mathbb{H}] - [\mathbb{H}_{(m-1)}][\tilde{\mathbb{C}}]$$

が成り立つ．よって，$[\mathbb{H}_{(m)}]$ は $R(G)$ の中で，$\tilde{c}, h$ の多項式として書ける．$R(G)$ は $\tilde{c}, h$ で生成される．自然な全射準同型

$$\mathbb{Z}[\tilde{c}, h]/(\tilde{c}^2 - 1) \to R(G)$$

の核を考える．$\alpha \in \mathbb{Z}[\tilde{c}, h]$ の $R(G)$ の中の像を $\bar{\alpha}$ と書く．

$$\alpha = \sum_{m \geqslant 0} (a_m h^m + b_m \tilde{c} h^m) \in \mathbb{Z}[\tilde{c}, h]/(\tilde{c}^2 - 1),$$

$$\bar{\alpha} = 0 \in R(G)$$

とする．$a_m, b_m \in \mathbb{Z}$ である．S^1 表現としては $\tilde{c} = 1$ であり，α は $R(S^1)$ の中で 0 なので，

$$a_m + b_m = 0$$

を得る．$R(G)$ の中で $\tilde{c}h = h$ であるから

$$\begin{aligned}
\bar{\alpha} &= \sum_{m \geqslant 0} a_m (1 - \tilde{c}) h^m \\
&= a_0 (1 - \tilde{c}) + \sum_{m \geqslant 1} a_m (h - \tilde{c}h) h^{m-1} \\
&= a_0 (1 - \tilde{c}) \in R(G).
\end{aligned}$$

よって，$a_0 = 0$ となり

$$\alpha = \sum_{m \geqslant 1} a_m (h - \tilde{c}h) h^{m-1} \in (\tilde{c}h - h)$$

を得る．自然な準同型 $\mathbb{Z}[\tilde{c}, h]/(\tilde{c}^2 - 1) \to R(G)$ の核は $(\tilde{c}h - h)$ である．準同型定理から

$$R(G) \cong \mathbb{Z}[\tilde{c}, h]/(\tilde{c}^2 - 1, \tilde{c}h - h).$$

さらに

$$\tilde{c} = 1 - w, \quad h = 2 - z$$

より，

$$R(G) \cong \mathbb{Z}[w, z]/(w^2 - 2w, zw - 2w)$$

を得る．

(2) の証明は各自に任せる． $\square$

定理 2.8（古田[29]）．a を 0 以上の整数，b を正の整数とする．G 同変写像

$$f : (\tilde{\mathbb{R}}^m \oplus \mathbb{H}^{n+a})^+ \to (\tilde{\mathbb{R}}^{m+b} \oplus \mathbb{H}^n)^+$$

で，$f^G = id : S^0 \to S^0$ となるものが存在すれば，

$$2a + 1 \leqslant b$$

である．

証明． f の複素化

$$f_c : ((\tilde{\mathbb{R}}^m \oplus \mathbb{H}^{n+a}) \otimes_{\mathbb{R}} \mathbb{C})^+ \to ((\tilde{\mathbb{R}}^m \oplus \mathbb{H}^n) \otimes_{\mathbb{R}} \mathbb{C})^+$$

を考える. $d(f_c^G) = 1$ だから, 補題 2.5 より,

$$\lambda((\tilde{\mathbb{R}}^{m+b} \oplus \mathbb{H}^n) \otimes \mathbb{C}) = a_G(f)\lambda((\tilde{\mathbb{R}}^m \oplus \mathbb{H}^{n+a}) \otimes \mathbb{C}) \tag{2.1}$$

を得る. まず, $a_G(f_c) \in \ker(R(G) \to R(S^1))$ であることを示す. つまり $a_{S^1}(f_c) = 0$ を示す. 次の可換図式がある.

$$
\begin{array}{ccc}
K_G(((\tilde{\mathbb{R}}^m \oplus \mathbb{H}^{n+a}) \otimes \mathbb{C})^+) & \xleftarrow{f_c^*} & K_G(((\tilde{\mathbb{R}}^{m+b} \oplus \mathbb{H}^n) \otimes \mathbb{C})^+) \\
\downarrow & & \downarrow \\
K_{S^1}(((\tilde{\mathbb{R}}^m \oplus \mathbb{H}^{n+a}) \otimes \mathbb{C})^+) & \xleftarrow{f_c^*} & K_{S^1}(((\tilde{\mathbb{R}}^{m+b} \oplus \mathbb{H}^n) \otimes \mathbb{C})^+) \\
i^* \downarrow & & \downarrow i^* \\
K_{S^1}(\tilde{\mathbb{C}}^m) & \xleftarrow{(f_c^{S^1})^*} & K_{S^1}(\tilde{\mathbb{C}}^m)
\end{array}
$$

ここで $b > 0$ だから,

$$f_c^{S^1} : (\tilde{\mathbb{C}}^m)^+ \to (\tilde{\mathbb{C}}^{m+b})^+$$

定値写像にホモトピックである. ここで, S^1 の $\tilde{\mathbb{C}}$ 上の作用は自明だから, $f_c^{S^1}$ は定値写像へ S^1 同変ホモトピックであるといえる. よって, 上の図式において

$$(f_c^{S^1})^* = 0$$

となる. 一方, 定義 2.3 と定義 2.4 より, S^1 同変ボット類

$$b_{(\tilde{\mathbb{R}}^{m+b} \oplus \mathbb{H}^n) \otimes \mathbb{C}} \in \tilde{K}_{S^1}((\tilde{\mathbb{R}}^{m+b} \oplus \mathbb{H}^n) \otimes \mathbb{C})^+)$$

に関して次が成り立つ.

$$
\begin{aligned}
i^* f_c^* b_{(\tilde{\mathbb{R}}^{m+b} \oplus \mathbb{H}^n) \otimes \mathbb{C}} &= i^* a_{S^1}(f_c) b_{(\tilde{\mathbb{R}}^m \oplus \mathbb{H}^{n+a}) \otimes \mathbb{C}} \\
&= a_{S^1}(f_c)\lambda(\mathbb{H}^{n+a}) b_{\tilde{\mathbb{C}}^m}.
\end{aligned}
$$

図式の可換性から,

$$i^* f_c^* b_{(\tilde{\mathbb{R}}^{m+b} \oplus \mathbb{H}^n) \otimes \mathbb{C}} = 0,$$

ゆえに,

$$a_{S^1}(f_c)\lambda(\mathbb{H}^{n+a} \otimes \mathbb{C}) b_{\tilde{\mathbb{C}}^m} = 0.$$

$\tilde{K}_{S^1}((\tilde{\mathbb{C}}^m))$ は $b_{\tilde{\mathbb{C}}^m}$ を基底とする自由 $R(S^1)$ 加群であるから,

$$a_{S^1}(f_c)\lambda(\mathbb{H}^{n+a} \otimes \mathbb{C}) = 0.$$

$\lambda(\mathbb{H}^{n+a} \otimes \mathbb{C}) \neq 0$ より,

$$a_{S^1}(f_c) = 0$$

を得る.

命題 2.7 より,

$$a_G(f_c) = \alpha(c - \tilde{c})$$

と書ける. $\alpha \in \mathbb{Z}$ である.

$$\lambda(\tilde{\mathbb{R}} \otimes_{\mathbb{R}} \mathbb{C}) = 1 - \tilde{c},$$
$$\begin{aligned}
\lambda(\mathbb{H} \otimes_{\mathbb{R}} \mathbb{C}) &= \lambda(\mathbb{H}_{(1)} \oplus \mathbb{H}_{(-1)}) \\
&= \lambda(H_{(1)})\lambda(\mathbb{H}_{(-1)}) \\
&= \sum_{i=0}^{2}(-1)\Lambda^i\mathbb{H}_{(1)} \cdot \sum_{i=0}^{2}(-1)^i\Lambda^i\mathbb{H}_{(-1)}
\end{aligned}$$

より,

$$\mathrm{Tr}(j|\lambda(\tilde{\mathbb{R}} \otimes_{\mathbb{R}} \mathbb{C})) = 2, \ \mathrm{Tr}(j|\lambda(\mathbb{H} \otimes_{\mathbb{R}} \mathbb{C})) = 2^2$$

である. 式 (2.1) において, j のトレースを取ると,

$$2^{m+b+2n} = \alpha 2^{1+m+2n+2a}$$

を得る. よって,

$$2a + 1 \leqslant b$$

である. $\qquad\qquad\qquad\qquad\qquad\qquad\qquad\qquad\qquad\qquad\qquad\square$

第 3 章
コンレイの指数理論

　本章では，力学系におけるホモトピー論的不変量である**コンレイ指数**の概説を行う．本書では説明しないが，コンレイ指数は，微分方程式の解の存在への応用や，シンプレクティック幾何学におけるアーノルド予想への応用を持つ．第 7 章ではコンレイの理論をサイバーグ–ウィッテン方程式に適用することにより，サイバーグ–ウィッテン–フレアー安定ホモトピー型を定義する．コンレイの指数理論の一般論については，コンレイの本[14]やサラモンの論文[63]を見よ．

3.1　指数対

　Z を局所コンパクト距離空間とし，$\varphi : Z \times \mathbb{R} \to Z$ を連続な流れとする．φ は連続写像で

$$\varphi(z, 0) = z \quad (\forall z \in Z),$$
$$\varphi(z, s + t) = \varphi(\varphi(z, s), t) \quad (\forall z \in Z, \forall s, t \in \mathbb{R})$$

を満たす．$Y \subset Z$ に対して，

$$\mathrm{Inv}\, Y = \{z \in Y \,|\, \varphi(z, \mathbb{R}) \subset Y\}$$

と書く．$\mathrm{Inv}\, Y$ は Y の中の最大の φ の不変集合である．また，$\mathrm{Int}\, Y$ を Y の内部とする．

定義 3.1. S を Z のコンパクト集合とする．Z のあるコンパクト集合 Y が存在して，

$$S = \mathrm{Inv}\, Y \subset \mathrm{Int}\, Y$$

となるとき，S を**孤立不変集合**といい，Y を S の**孤立化近傍**という．

定理 3.2. S を孤立不変集合，Y を S の任意の孤立化近傍とする．このとき，コンパクト集合 $N, L, L \subset N \subset Y$ が存在して，次が満たされる．

(a) $S = \mathrm{Inv}(N \backslash L) \subset \mathrm{Int}(N \backslash L)$.

(b) $z \in N, t > 0, \varphi(z, t) \notin N$ ならば，ある $t' \in [0, t]$ が存在して，$\varphi(z, t') \in L$（L は N の**出口集合**と呼ばれる）．

(c) L は N において，正方向に不変である．つまり，$z \in L, t \geqslant 0$ に対して，$\varphi(z, [0, t]) \subset N$ ならば，$\varphi(z, [0, t]) \subset L$ である．

定義 3.3. 定理 3.2 のコンパクト集合 N, L に対して，対 (N, L) を S の**指数対**という．

　指数対の存在の証明については，サラモンの論文[63]を見よ．後に**サイバーグ–ウィッテン–フレアー安定ホモトピー型**の議論において，我々に必要なのは，ある条件を満たす指数対の存在である．指数対の存在については，3.2 節で述べる．

　孤立不変集合 S に対して，指数対 (N, L) の取り方は一意ではないが，商空間 N/L のホモトピー型は一意的に定まる．(N', L') をもう 1 つの指数対とする．十分大きい $T > 0$ に対して，次が成り立つことがわかる．

$$
\begin{aligned}
\varphi(z, [-T, T]) \subset N \backslash L &\Rightarrow N' \backslash L', \\
\varphi(z, [-T, T]) \subset N' \backslash L' &\Rightarrow N \backslash L.
\end{aligned}
\tag{3.1}
$$

　また，$T \geqslant 0$ に対して，条件 (3.1) が成り立つならば，すべての $T' \in [T, \infty)$ に対して，条件 (3.1) が成り立つことに注意．

命題 3.4. $(N, L), (N', L')$ を孤立不動集合 S の**指数対**とする．$T \geqslant 0$ が条件 (3.1) を満たすとする．このとき，次の写像 $\mathfrak{F}_T : N/L \to N'/L'$ は well-defined な連続写像である．

$$
\mathfrak{F}_T(z) = \begin{cases} \varphi(z, 3T) & \varphi(z, [0, 2T]) \subset N \backslash L, \varphi(z, [T, 3T]) \subset N' \backslash L' \text{ のとき,} \\ * & \text{その他のとき.} \end{cases}
$$

ここで，$*$ は N'/L' の基点 $[L']$ を表す．

命題 3.5. $(N, L), (N', L')$ を孤立不動集合 S の指数対とする．このとき，以下の命題が成り立つ．

(1) $T, T' \geqslant 0$ が条件 (3.1) を満たすならば，$\mathfrak{F}_T, \mathfrak{F}_{T'}$ は互いにホモトピック．

(2) $N = N', L = L'$ のとき，$\mathfrak{F}_0$ は恒等写像．特に，$\mathfrak{F}_T$ は恒等写像にホモトピック．

(3) (N'', L'') がもう 1 つの指数対で

$$
\mathfrak{F}_T : N/L \to N'/L', \quad \mathfrak{F}_{T'} : N'/L' \to N''/L''.
$$

が定義されているとき，

$$\mathfrak{F}_{T'} \circ \mathfrak{F}_T = \mathfrak{F}_{T+T'}$$

である.

(4) 任意の S の指数対 (N, L), (N', L') に対して, $\mathfrak{F}_T : N/L \to N'/L'$ はホモトピー同値である.

命題 3.4 や命題 3.5 については, サラモンの論文[63]の 4.2 を見よ.

定義 3.6. (N, L) を孤立不動集合 S の指数対とする. N/L のホモトピー型を $I(S)$ と書き, S の**コンレイ指数**という.

例 3.7. M を滑らかなリーマン多様体とし, $\varphi : M \times \mathbb{R} \to M$ を M 上のモース関数 f の勾配流とする. $p \in M$ を f のモース指数 n の臨界点とすると,

$$I(\{p\}) = [S^n]$$

である. $[S^n]$ は S^n のホモトピー型を表す.

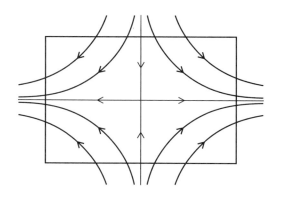

図 3.1 モース指数 1 の臨界点.

図 3.1 は, モース指数 1 の臨界点が $\mathbb{R}^2$ の原点にある. $N = [-1, 1] \times [-1, 1]$, $L = \{-1\} \times [-1, 1] \cup \{1\} \times [-1, 1]$ である.

$$I(\{p\}) = [[-1, 1] \times [-1, 1]/\{-1\} \times [-1, 1] \cup \{1\} \times [-1, 1]] = [S^1].$$

コンレイ指数はモース指数のホモトピー型への精密化ということができる.

定理 3.8. 次が成り立つ.

(1) $\{\varphi_s\}_{s \in [0,1]}$ を Z 上の流れの族で, s に関して連続であるとする. ある Z のコンパクト集合 Y があって, すべての $s \in [0, 1]$ に対して, Y は φ_s の孤立化近傍であるとする. (N_0, L_0), (N_1, L_1) を $\mathrm{Inv}(Y, \varphi_0)$, $\mathrm{Inv}(Y, \varphi_1)$ の指数対であるとする. このとき, 自然なホモトピー同値

$$N_0/L_0 \cong N_1/L_1$$

がある．よって

$$I(\operatorname{Inv} Y, \varphi_0) = I(\operatorname{Inv} Y, \varphi_1)$$

である．

(2) $j = 1, 2$ に対して，$\varphi_j : Z_j \times \mathbb{R} \to Z_j$ を流れとし，S_j を φ_j の孤立不変集合とする．このとき，

$$I(S_1 \times S_2, \varphi_1 \times \varphi_2) = I(S_1, \varphi_1) \wedge I(S_2, \varphi)$$

である．

定義 3.9. (N, L) を孤立不変集合 S の指数対とする．このとき，

$$\tilde{\tau} : N \to \mathbb{R}_{\geqslant 0} \cup \{\infty\}$$

を

$$\tilde{\tau}(z) = \begin{cases} 0 & z \in L \text{ のとき,} \\ \sup\{t > 0 | \varphi(z, [0, t]) \subset N \backslash L\} & z \in N \backslash L \text{ のとき} \end{cases}$$

と定義し，

$$\tau : N \to [0, 1]$$

を

$$\tau(z) = \min\{\tilde{\tau}(z), 1\}$$

により定義する．$\tilde{\tau}$ が連続（よって τ も連続）であるとき，(N, L) は正則であるという．

補題 3.10. (N, L) が次の条件を満たす指数対であるとき，(N, L) は正則である．

$$\forall z \in L, \forall t > 0, \varphi(z, [0, t]) \not\subset \operatorname{Cl}(N \backslash L).$$

ここで，$\operatorname{Cl}(N \backslash L)$ は $N \backslash L$ の閉包である．

証明． $z_0 \in N \backslash L$ と z_0 に収束する列 $z_n \in N \backslash L$ に対して，$\tilde{\tau}(z_n) \to \tilde{\tau}(z_0)$ を示せばよい．

$t \in (0, \tilde{\tau}(z_0))$ を任意に取る．n が十分大きいとき，$\varphi(z_n, [0, t]) \subset N \backslash L$ になることを示す．これが正しくないとすると，適当に部分列を取ることにより，すべての n に対して $\varphi(z_n, [0, t]) \not\subset N \backslash L$ となっている．L は出口集合であるから，ある $t_n \in [0, t]$ が存在して $\varphi(z_n, t_n) \in L$ である．さらに部分列を取っ

て，$t_n \to t' \in [0, t]$ となる．L は閉集合だから $\varphi(z, t') \in L$ を得る．しかし，これは $\varphi(z, [0, t]) \subset N \backslash L$ に矛盾する．今の議論により

$$\liminf_{n \to \infty} \tilde{\tau}(z_n) \geq \tilde{\tau}(z_0)$$

が示せた．

次に $\limsup_{n \to \infty} \tilde{\tau}(z_n) \leq \tilde{\tau}(z_0)$ を示す．$\tilde{\tau}(z_0) < \infty$ の場合を考えればよい．このとき

$$z_1 := \varphi(z_0, \tilde{\tau}(z_0)) \in L$$

である．

$\limsup_{n \to \infty} \tilde{\tau}(z_n) > \tilde{\tau}(z_0)$ であるとすると，適当に部分列を取って $\lim_{n \to \infty} \tilde{\tau}(z_n) > \tilde{\tau}(z_0)$ とできる．$\epsilon > 0$ を十分小さく取って，

$$\tilde{\tau}(z_0) + \epsilon < \lim_{n \to \infty} \tilde{\tau}(z_n)$$

とする．$\tilde{\tau}$ の定義から，十分大きい n に対して

$$\varphi(z_n, [0, \tilde{\tau}(z_0) + \epsilon]) \subset N \backslash L$$

となる．ここで，$n \to \infty$ とすると

$$\varphi(z_0, [0, \tilde{\tau}(z_0) + \epsilon]) \subset \mathrm{Cl}(N \backslash L)$$

となる．特に，

$$\varphi(z_1, [0, \epsilon]) \subset \mathrm{Cl}(N \backslash L).$$

これは仮定に反する．よって $\limsup_{n \to \infty} \tilde{\tau}(z_n) \leq \tilde{\tau}(z_0)$ となり，$\lim_{n \to \infty} \tilde{\tau}(z_n) = \tilde{\tau}(z_0)$ が示せた． □

任意の指数対 (N, L) が与えられたときに，L をわずかに膨らませることにより，正則な指数対 (N, L') を得ることができることが知られている（サラモンの論文[63] の Remark 5.4）．

3.2 指数対の存在

ここでは，第 7 章で必要になる指数対の存在を証明する．証明は非常に技術的な議論になる．存在定理の主張を一旦認めて，サイバーグ–ウィッテン–フレアー安定ホモトピー型を学んだ後に，証明について知りたい人が，証明を読むというのでよい．

Z を局所コンパクト距離空間とし，

$$\varphi : Z \times \mathbb{R} \to Z$$

を流れとする.

定理 3.11(マノレスク[48]). S を流れ φ の孤立不動集合, A を S の孤立化近傍とする. $A^+ = \{z \in A \,|\, \varphi(z, [0, \infty)) \subset A\}$ とする. K_1, K_2 は A のコンパクト部分集合で, 次の条件が満たされているとする.

(1) $\varphi(K_1 \cap A^+, [0, \infty)) \cap \partial A = \varnothing$.
(2) $K_2 \cap A^+ = \varnothing$.

このとき, S の指数対 (N, L) で $K_1 \subset N \subset A$, $K_2 \subset L$ となるものが存在する.

この定理を証明するために, 定義と補題の証明をいくつか行う.

まず, $B \subset A$ に対して,

$$P_A(B) := \{\varphi(z, t) \,|\, a \in A, t \geq 0, \varphi(z, [0, t]) \subset A\}$$

とおく.

定義からすぐに次の補題が証明できる(各自試みられたい).

補題 3.12. $P_A(B)$ は A において, 正方向に不変である. つまり, $z \in P_A(B)$, $t \geq 0$ に対して, $\varphi(z, [0, t]) \subset A$ であるならば, $\varphi(z, [0, t]) \subset B$ である.

さらに次が成り立つ.

補題 3.13. B は A のコンパクト部分集合で, $A^- \subset B$, または $A^+ \cap B = \varnothing$ であるとする. ここで, $A^- = \{z \in A \,|\, \varphi(z, (-\infty, 0])) \subset A\}$ である. このとき, $P_A(B)$ はコンパクトである.

証明. A はコンパクトで, $P_A(B) \subset A$ であるから, $P_A(B)$ が A の閉集合であることを示せばよい. 点列 $z_n \in P_A(B)$ が $z \in A$ に収束していたとする. このとき, $z \in P_A(B)$ を示せばよい. $P_A(B)$ の定義から, $b_n \in B$, $t_n \geq 0$ があって,

$$\varphi(b_n, [0, t_n]) \subset A, \quad z_n = \varphi(b_n, t_n) \tag{3.2}$$

となる.

$A^- \subset B$ であると仮定する. 実数列 t_n が有界であるとすると, 部分列をとって $t_n \to t_\infty \in \mathbb{R}$ であるとしてよい. また, B はコンパクトであるから, $b_n \to b_\infty$ としてよい. A は閉集合であるから, (3.2) において, $n \to \infty$ とすると,

$$\varphi(b_\infty, [0, t_\infty]) \subset A, \quad z = \varphi(b_\infty, t_\infty)$$

となる. よって, $z \in P_A(B)$ となる.

t_n が有界でないとする．部分列をとって，$t_n \to \infty$ としてよい．(3.2) より

$$\varphi(z_n, [-t_n, 0]) \subset A$$

であり，$n \to \infty$ とすると

$$\varphi(z, (-\infty, 0]) \subset A$$

となる．よって $z \in A^- \subset B \subset P_A(B)$ となる．ゆえに，$P_A(B)$ は閉集合である．

次に $A^+ \cap B = \varnothing$ と仮定する．実数列 t_n が有界の場合は前と同様に，$z \in P_A(B)$ となる．t_n が有界でない場合を考える．部分列を取って，$b_n \to b_\infty \in B, t_n \to \infty$ としてよい．(3.2) において $n \to \infty$ とすると

$$\varphi(b_\infty, [0, \infty)) \subset A$$

となる．$b_\infty \in A^+ \cap B$ となる．これは $A^+ \cap B = \varnothing$ に矛盾．よって，t_n は有界になる．以上により，$z \in P_A(B)$ である．　　　　　　　　　□

補題 3.14. B' が A^- の A における十分小さいコンパクト近傍，C が $\partial A \cap A^+$ の ∂A における十分小さいコンパクト近傍であるとき，次が成り立つ．$z \in B'$，$\varphi(z, [0, \infty)) \nsubseteq A$ とする．このとき，

$$\varphi(z, \tau) \in \partial A \backslash C$$

である．ただし，

$$\tau := \sup\{t \geq 0 \,|\, \varphi(z, [0, t]) \subset A\} < \infty$$

である．

証明. Z の部分集合 X, Y に対して，

$$\mathrm{dist}(X, Y) = \inf\{d(x, y) \,|\, x \in X, y \in Y\}$$

とする．

τ の定義から

$$\varphi(z, \tau) \in \partial A$$

である．

B', C が十分小さければ，$\varphi(z, \tau) \notin C$ であることを示す．主張が正しくないと仮定すると，点列 $z_n \in A$ が存在して，

$$\varphi(z_n, [0, \infty)) \nsubseteq A,$$
$$\mathrm{dist}(z_n, A^-) \to 0,$$
$$\mathrm{dist}(\varphi(z_n, \tau_n), \partial A \cap A^+) \to 0$$

となる．ここで，

$$\tau_n = \sup\{t \geqslant 0 \,|\, \varphi(z_n, [0, t]) \subset A\}, \quad \varphi(z_n, \tau_n) \in \partial A$$

である．A はコンパクトであるから，部分列を取って，

$$z_n \to z_\infty \in A^- \tag{3.3}$$

としてよい．以下，τ_n が有界であるときと，有界でないときの 2 通りを考える．

　まず，τ_n が有界であるとする．部分列を取って，$\tau_n \to \tau_\infty \in \mathbb{R}_{\geqslant 0}$ としてよい．このとき，

$$\varphi(z_\infty, [0, \tau_\infty]) \subset A, \ \varphi(z_\infty, \tau_\infty) \in \partial A \cap A^+ \tag{3.4}$$

である．(3.3) と (3.4) より $z_\infty \in S = A^+ \cap A^-$ である．S は孤立不変集合であるから，

$$\varphi(z_\infty, \mathbb{R}) \subset S \subset \operatorname{Int} A$$

である．これは，(3.4) との 2 番目の式と矛盾する．

　次に τ_n が有界でないとする．部分列をとって，$\tau_n \to \infty$ としてよい．このとき，

$$\varphi(z_\infty, [0, \infty)) \subset A, \ \operatorname{Cl}(\varphi(z_\infty, [0, \infty))) \cap \partial A \neq \varnothing \tag{3.5}$$

である．よって，$z_\infty \in S$ であるが，このとき

$$\varphi(z_\infty, \mathbb{R}) \subset S \subset \operatorname{Int} A$$

である．S はコンパクトであるから，特に

$$\operatorname{dist}(\varphi(z_\infty, [0, \infty)), \partial A) > 0$$

となり，(3.5) の 2 番目の式と矛盾する． □

補題 3.15. K_1 を A のコンパクト部分集合で，

$$\varphi(K_1 \cap A^+, [0, \infty)) \cap \partial A = \varnothing$$

であるとする．このとき，$\partial A \cap A^+$ の ∂A における十分小さい近傍 C に対して，次が成り立つ．$z \in K_1$, $\varphi(z, [0, \infty)) \not\subset A$ ならば

$$\varphi(z, \tau) \in \partial A \backslash C$$

である．ただし，

$$\tau = \sup\{t \geqslant 0 \,|\, \varphi(z, [0, t]) \subset A\}$$

である．

証明. 主張が正しくないと仮定すると, 列 $z_n \in K_1$ が存在して,

$$\varphi(z_n, [0, \infty)) \not\subset A,$$
$$\varphi(z_n, [0, \tau_n]) \subset A,$$
$$\mathrm{dist}(\varphi(z_n, \tau_n), A^+ \cap \partial A) \to 0$$

となる. ただし,

$$\tau_n = \sup\{t \geqq 0 | \varphi(z_n, [0, t]) \subset A\},$$
$$\varphi(z_n, \tau_n) \in \partial A$$

である. 部分列を取って, $z_n \to z_\infty \in K_1$ としてよい.

補題 3.14 の証明と同様, τ_n が有界であるときと, 有界でないときの 2 通りを考える.

まず, τ_n が有界であるとする. 補題 3.14 の証明と同様, 部分列を取って $\tau_n \to \tau_\infty$ としてよい. このとき,

$$z_\infty \in K_1, \ \varphi(z_\infty, [0, \tau_\infty]) \subset A, \ \varphi(z_\infty, \tau_\infty) \in A^+ \cap \partial A$$

となる. よって

$$z_\infty \in K_1 \cap A^+, \ \varphi(z_\infty, \tau_\infty) \in \partial A.$$

これは仮定に反する.

次に τ_n が有界でないとする. 部分列を取って $\tau_n \to \infty$ としてよい.

$$z'_n := \varphi(z_n, \tau_n) \in \partial A$$

とおく. 部分列を取って

$$z'_n \to z'_\infty \in A^+ \cap \partial A$$

としてよい.

$$\varphi(z'_n, [-\tau_n, 0]) \subset A$$

であるから

$$\varphi(z'_\infty, (-\infty, 0]) \subset A$$

となる. ゆえに

$$z'_\infty \in A^+ \cap A^- \cap \partial A = S \cap \partial A$$

となる. これは $S \subset \mathrm{Int}\, A$ に矛盾する.

以上により主張が証明された. $\qquad\square$

定理 3.11 の証明

V を A^+ の A における十分小さい開近傍，B' を A^- の A における十分小さいコンパクト近傍，C を $A^+ \cap \partial A$ の ∂A における十分小さいコンパクト近傍で補題 3.14 と補題 3.15 が成り立つとする．また，

$$V \cap \partial A \subset C,\ K_2 \subset A \backslash V \tag{3.6}$$

と仮定してよい．$B := K_1 \cup B'$ とする．

$$L := P_A(A \backslash V),\ N := L \cup P_A(B)$$

とおく．定義から，

$$L \subset N \subset A,\ K_1 \subset N,\ K_2 \subset L$$

で，L は N において正方向に不変である．また，補題 3.13 より，N, L はコンパクトである．定義から

$$S \subset N \backslash L \subset A$$

であることが定義から確認できる．S は A の中で最大の不変集合であるから，

$$S = \mathrm{Inv}(N \backslash L)$$

を得る．L が N の出口集合であることを示せばよい．$z \in N,\ t \geqq 0,\ \varphi(z, t) \notin N$ であると仮定する．示すべきことは，ある $\tau \in [0, t]$ があって，$\varphi(z, \tau) \in L$ となることである．$z \in L$ のときは，$\tau = 0$ とすればよい．$z \in P_A(B) \backslash L$ とする．

$$\tau := \sup\{t' \in [0, t] | \varphi(z, [0, t']) \subset N\}$$

とおく．$\varphi(z, \tau) \in L$ を示す．N は A において正方向に不変であるから

$$\tau = \sup\{t' \geqq 0 | \varphi(z, [0, t']) \subset A\}$$

と書ける．特に

$$\varphi(z, \tau) \in \partial A,$$
$$\varphi(z, [0, \tau + \epsilon]) \not\subset A \quad (\forall \epsilon > 0)$$

である．$z \in P_A(B)$ であるから，ある $b \in B = K_1 \cup B'$ があって，

$$\varphi(b, [0, t'']) \subset A,\ z = \varphi(b, t'')$$

となる．補題 3.14 と補題 3.15 により，

$$\varphi(z, \tau) \in \partial A \backslash C \subset \partial A \backslash V \subset L$$

である．ここで，(3.6) の 1 番目の式を用いた． □

Z は滑らかな有限次元多様体であるとし,

$$\varphi : Z \times \mathbb{R} \to Z$$

は滑らかな流れであるとする.

定義 3.16. S を φ の孤立不動集合であり,A は S の孤立化近傍とする.このとき,次の条件を満たす N を S の**孤立化ブロック**という.

(1) N は Z の境界付きコンパクト部分多様体である.
(2) $S \subset \mathrm{Int}\, N$.
(3) ∂N の境界付きコンパクト部分多様体 L, L' があって,

$$\partial N = L \cup L',$$
$$\partial L = \partial L' = L \cap L',$$
$$\exists t_0 > 0, \varphi(L, (0, t_0)) \cap N = \varnothing,$$
$$\exists t_0 > 0, \varphi(L', (-t_0, 0)) \cap N = \varnothing.$$

サイバーグ–ウィッテン–フレアー安定ホモトピー型の議論では,次の定理も必要である.

定理 3.17(コンレイ–イーストン[15]).Z は滑らかな有限次元多様体であるとし,

$$\varphi : Z \times \mathbb{R} \to Z$$

を滑らかな流れとする.S を流れ φ の孤立不動集合とすし,A を S の孤立化近傍とする.このとき,S の孤立化ブロック N で $N \subset A$ となるものが存在する.

この定理の証明を説明する.A の開集合 W で

$$S \subset W, \ \mathrm{Cl}(W) \subset \mathrm{Int}(A)$$

となるものを取り固定する.例えば,$\epsilon > 0$ を十分小さいとして,

$$W = \{z \in A \,|\, \mathrm{dist}(z, S) < \epsilon\}$$

と取る.

補題 3.18. 各 $z \in (A^+ \cap \mathrm{Int}(A)) \backslash \mathrm{Cl}(W)$,または $z \in (A^- \cap \mathrm{Int}(A)) \backslash \mathrm{Cl}(W)$ に対して,A の部分多様体 D_z で次の条件を満たすものが存在する.
  • $z \in D_z \subset \mathrm{Int}(A)$.
  • $D_z \cong D^{n-1}$.
  • $\mathrm{Cl}(D_z) \cap W = \varnothing$.

- 各 $w \in D_z$ に対して，$\left.\frac{\partial}{\partial t}\right|_{t=0} \varphi(w,t)$ と $T_w D_z$ は $T_w Z$ において横断的．つまり $\mathbb{R}\left\langle \left.\frac{\partial}{\partial t}\right|_{t=0} \varphi(w,t)\right\rangle + T_w D_z = T_w Z$.
- 各 $z \in A^+ \cap \mathrm{Int}(A) \backslash \mathrm{Cl}(W)$，十分小さい $\rho_z > 0$，$\rho_{z'} > 0$ を取り，$z' \in (A^- \cap \mathrm{Int}(A)) \backslash \mathrm{Cl}(W)$ に対して，十分小さい $\rho_{z'} > 0$ を取ると，

$$\varphi(D_z, (-\rho_z, \rho_z)) \subset \mathrm{Int}(A),$$
$$\varphi(D_{z'}, (-\rho_{z'}, \rho_{z'}) \subset \mathrm{Int}(A),$$
$$\varphi(D_z, (-\rho_z, \rho_z)) \cap \varphi(D_{z'}, (-\rho_{z'}, \rho_{z'})) = \varnothing.$$

ここで，$D^{n-1} = \{x \in \mathbb{R}^{n-1} | \|x\| < 1\}$ であり，$\cong$ は微分同相を表す．

この補題の証明は各自に任せる．

$$E^+ := \bigcup_{z \in (A^+ \cap \mathrm{Int}(A)) \backslash \mathrm{Cl}(W)} \varphi(D_z, (-\rho_z, \rho_z)),$$
$$E^- := \bigcup_{z \in (A^- \cap \mathrm{Int}(A)) \backslash \mathrm{Cl}(W)} \varphi(D_z, (-\rho_z, \rho_z))$$

とおく．E^+ に次の同値関係 $\sim$ を入れる．

$$z \sim z' \quad \overset{\text{定義}}{\Longleftrightarrow} \quad \begin{cases} \exists t \in \mathbb{R}, \\ z' = \varphi(z,t), \\ \varphi(z, [0,t]) \subset E^+ \ (t \geqslant 0 \text{ のとき}), \\ \varphi(z, [t,0]) \subset E^+ \ (t < 0 \text{ のとき}). \end{cases}$$

E^- にも同様の同値関係 $\sim$ を入れる．商空間を B^+, B^- で表す．

$$B^+ := E^+ / \sim, \ B^- := E^- / \sim.$$

E^+, E^- は Z の開集合であるから，自然に多様体の構造がある．

命題 3.19. B^+ に自然な微分構造が入り，$\pi^+ : E^+ \to B^+$ は滑らかな写像である．$\pi^- : E^- \to B^-$ についても同様である．

証明. B^+ がハウスドルフ空間になることの証明は省略する．B^+ に局所座標を

$$f_z : D^{n-1} \overset{\cong}{\Longrightarrow} D_z \overset{\pi^+}{\longrightarrow} B^+$$

により定義する．

$$f_z(D^{n-1}) \cap f_w(D^{n-1}) \neq \varnothing$$

のとき，

$$f_w^{-1} \circ f_z : D^{n-1} \cap f_z^{-1}(f_w(D^{n-1})) \to D^{n-1} \cap f_w^{-1}(f_z(D^{n-1}))$$

が滑らかな写像になっている．証明は各自に任せる．$\{(D_z, f_z)\}_{z \in (A^+ \cap \mathrm{Int}(A)) \backslash W}$ が B^+ の多様体の構造になり，π^+ は滑らかな写像になる． $\square$

補題 3.20. $\sigma_0 : E^+ \to (-\infty, 0]$, $\sigma_1 : E^+ \to [0, \infty)$ を

$$\sigma_0(z) = \inf\{t \leqslant 0 \,|\, \varphi(z, [t, 0]) \subset E^+\},$$
$$\sigma_1(z) = \sup\{t \geqslant 0 \,|\, \varphi(z, [0, t]) \subset E^+\}$$

で定義する．このとき，σ_0 は上半連続，σ_1 は下半連続である．

証明. $z \in E^+$ を取る．E^+ は Z の開集合であることから，$\sigma_0(z) < 0$ となる．$0 < \epsilon < \sigma_0(z)$ とする．

$$\varphi(z, [\sigma_0(z) + \epsilon, 0]) \subset E^+$$

である．E^+ が開集合だから，z に十分近い $w \in E^+$ に対して，

$$\varphi(w, [\sigma_0(z) + \epsilon, 0]) \subset E^+$$

となる．よって

$$\sigma_0(w) \leqslant \sigma_0(z) + \epsilon$$

である．ゆえに，

$$\limsup_{w \to z} \sigma_0(w) \leqslant \sigma_0(z) + \epsilon$$

となる．ϵ は任意に小さく取れるから

$$\limsup_{w \to z} \sigma_0(w) \leqslant \sigma_0(z)$$

となり，σ_0 は上半連続となる．σ_1 についても同様である． $\square$

命題 3.21. $\pi^+ : E^+ \to B^+$ は $\mathbb{R}$ をファイバーとする滑らかなファイバー束である．$\pi^- : E^- \to B^-$ についても同様である．

証明. $[z] \in B^+$ をとる．$D' := f_z(D_z) \subset B^+$ とおく．集合 F を

$$F := \{(w, t) \,|\, w \in D_z, \sigma_0(w) < t < \sigma_1(w)\}$$

で定義する．F は $D_z \times \mathbb{R}$ の開集合であることをまず示す．$(w, t) \in F$ を取る．$(w', t') \in D_z \times \mathbb{R}$ が十分 (w, t) に近いとき，$(w', t') \in F$ であることを示せばよい．もし，正しくないとすれば，$D_z \times \mathbb{R}$ の中の点列 $(w'_n, t'_n) \to (w, t)$ が存在して，$(w'_n, t'_n) \notin F$ である．各 n に対して，

$$t'_n \leqslant \sigma_0(w'_n) \quad \text{または} \quad t'_n \geqslant \sigma_1(w'_n)$$

である．部分列を取ることにより，すべての n に対して，どちらかが成り立っ

ているとしてよい. すべての n に対して $t'_n \leqslant \sigma_0(w'_n)$ であると仮定する. このとき,

$$\sigma_0(w) < t = \lim_{n \to \infty} t'_n \leqslant \limsup_{n \to \infty} \sigma_0(w'_n).$$

これは, σ_0 が上半連続であることに矛盾する. また, すべての n に対して $t'_n \geqslant \sigma_1(w'_n)$ とすると, σ_1 が下半連続であることに矛盾する. したがって, F は $D_z \times \mathbb{R}$ の開集合である. 特に $D_z \times \mathbb{R}$ の滑らかな多様体の構造から, F に滑らかな多様体の構造が誘導される.

写像

$$\begin{aligned} \varphi|_F : F &\to E^+|_{D'} \\ (w,t) &\mapsto \varphi(w,t) \end{aligned}$$

は微分同相であることを見る. φ は滑らかな流れ $Z \times \mathbb{R} \to Z$ であったから, 部分多様体への制限 $D_z \times \mathbb{R}$ への制限も滑らかである. さらに F は $D_z \times \mathbb{R}$ の開集合であるから, φ の F への制限も滑らかである. σ_0, σ_1 の定義から, $\varphi|_F$ は全射である. また, $\varphi|_F$ は単射であることを示す. $(w,t),(w',t') \in F$ に対して,

$$\varphi(w,t) = \varphi(w',t')$$

であるとする. $t \leqslant t'$ と仮定してよい.

$$w = \varphi(w',t'-t), \ \varphi(w',[0,t'-t]) \subset E^+$$

となる. $\pi|_{D_z} : D_z \to B$ は単射であるから, $w = w'$ を得る. よって

$$w = \varphi(w,0) = \varphi(w,t'-t)$$

となる. もし, $t \neq t'$ とすると,

$$\begin{aligned} w &= \varphi(w,t'-t) = \varphi(w,2(t'-t)) = \cdots \\ &= \varphi(w,-(t'-t)) = \varphi(w,-2(t'-t)) = \cdots \end{aligned}$$

より,

$$\varphi(w,\mathbb{R}) \subset A$$

となる. $w \in S$ となり, 矛盾である. したがって, $\varphi|_F$ は全単射である. さらに,

$$\mathbb{R}\left\langle \frac{\partial}{\partial t}\Big|_{t=0} \varphi(w,t) \right\rangle + T_w D_z = T_w Z$$

より, 各 $(w,t) \in F$ に対して, 微分

$$d_{(w,t)}\varphi|_F : T_{(w,t)}F \to T_{\varphi(w,t)}E^+$$

は同型である．逆関数定理から，逆写像も滑らかな写像になる．以上により，$\varphi_F : F \to E^+|_{D'}$ は微分同相である．

定義から

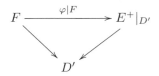

は可換である．

微分同相写像

$$g : F \to D_z \times \mathbb{R}$$

があって，図式

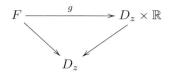

が可換になるものが存在することを示せばよい．写像

$$g : F \to D_z \times \mathbb{R}$$

を

$$g(w, t) := \left(w, \tan\left(\frac{\pi(x - \sigma_0(w))}{\sigma_1(w) - \sigma_0(w)} - \frac{\pi}{2} \right) \right)$$

で定義する．g が求める微分同相になっていることの証明の詳細は各自に任せる． $\square$

$E^+ \to B^+$ はファイバーが可縮な滑らかなファイバー束であるから，滑らかな切断

$$s^+ : B^+ \to E^+$$

が取れる．像 $s^+(B^+)$ は Z の余次元 1 の部分多様体である．$\mathrm{Cl}(s^+(B^+))$ を像 $s^+(B^+)$ の Z における閉包であるとする．一般には境界 $\partial\,\mathrm{Cl}(s^+(B^+))$ は滑らかな多様体とは限らないが，次のように少し修正することで，境界が滑らかであると仮定してよい．D_z' を D_z より少し大きめにとって，$\mathrm{Cl}(D_z) \subset D_z'$ と補題 3.18 の条件を満たすとしてよい．s^+ の拡張である滑らかな切断 $s'^+ : B'^+ \to E'^+$ をとる．$s'^+(B'^+)$ は滑らかな多様体で，$\mathrm{Cl}(s^+(B^+)) \subset s'^+(B'^+)$ となっている．$\partial\,\mathrm{Cl}(s^+(B^+))$ は $s'^+(B'^+)$ のコンパクト部分集合である．$\epsilon > 0$ を十分小さい正の数として，次の関数を考える．

$$f : s'^+(B'^+) \to \mathbb{R}, \ f(z) = \mathrm{dist}(z, \mathrm{Cl}(s^+(B^+))) - \epsilon.$$

$z \in \mathrm{Cl}(s^+(B^+))$ に対して，$f(z) = -\epsilon < 0$ となっている．f は滑らかな関数とは限らないが，f の十分小さい摂動 g で滑らかな関数

$$g : s'^+(B'^+) \to \mathbb{R}$$

が取れる．さらに，$0 \in \mathbb{R}$ は g の正則値，$z \in \mathrm{Cl}(s^+(B^+))$ に対して，$g(z) < 0$，$g^{-1}((-\infty, 0])$ はコンパクトと仮定してよい．$g^{-1}((-\infty, 0])$ はコンパクトで，境界も含めて滑らかな多様体である．境界は $g^{-1}(0)$ である．$\mathrm{Cl}(s^+(B^+))$ の代わりに $g^{-1}((-\infty, 0])$ を考えて，以下の議論を適用すればよい．今後は $\mathrm{Cl}(s^+(B^+))$ が滑らかな境界付き多様体と仮定して議論する．

同様に，滑らかな切断

$$s^- : B^- \to E^-$$

も取れる．

補題 3.22. 各 $z \in (A^+ \cap \mathrm{Int}(A)) \backslash W$ に対して，D_z を十分小さく取っておくと，任意の $w \in s^+(B^+) \backslash A^+$ に対して，

$$\varphi(w, [0, \infty)) \cap s^-(B^-) \neq \varnothing$$

となる．

$w \in s^+(B^+) \backslash A^+$ に対して

$$t(w) := \sup\{t \geq 0 \mid \varphi(w, [0, t]) \cap s^-(B^-) = \varnothing\}$$

とおく．

$$\bigcup_{w \in \partial \mathrm{Cl}(s^+(B^+))} \varphi(w, t(w))$$

は $s^-(B^-)$ の余次元 1 の部分多様体である．$\tilde{n}^-$ を

$$s^-(B^-) \backslash \bigcup_{w \in \partial \mathrm{Cl}(s^+(B^+))} \varphi(w, t(w))$$

の $s^-(B^-) \cap A^-$ を含む連結成分とする．また，$\tilde{n}^+ := \mathrm{Cl}(s^+(B^+))$ とおく．

$$A \backslash \left\{ \tilde{n}^+ \cup \bigcup_{w \in \partial \tilde{n}^+} \varphi(w, [0, t(w)]) \cup \tilde{n}^- \right\}$$

の S を含む連結成分の閉包を $\tilde{N}$ とする．$\tilde{N}$ は角付き多様体で，

$$\partial \tilde{N} = \tilde{n}^+ \cup \bigcup_{w \in \partial \tilde{n}^+} \varphi(w, [0, t(w)]) \cup \tilde{n}^-.$$

$\tilde{\tilde{n}}^+$ を $\tilde{n}^+$ と同様に構成した部分多様体で，$\tilde{n}^+ \subset \tilde{\tilde{n}}^+ \backslash \partial \tilde{\tilde{n}}^+$ とする．$\partial \tilde{n}$ の $\tilde{n}$ の中での小さい管状近傍 $P \cong \partial n^+ \times [-1, 1]$ をとる．命題 3.21 の証明の中の微

分同相 $F \cong D_z \times \mathbb{R}$ の構成と同様の議論により，微分同相

$$g : \bigcup_{w \in P} \varphi(w, [0, t(w)]) \xrightarrow{\cong} P \times [0,1] \cong \partial n^+ \times [-1,1] \times [0,1]$$

があり，$w \in \partial \tilde{n}^+$ に対して，線分 $\varphi(w, [0, t(w)])$ は $(w, 0, [0,1])$ へ写される．そこで，

$$N := \tilde{n}^+ \cup \bigcup_{\substack{w \in \partial \tilde{n}^+ \\ t \in [0,1]}} g^{-1} \left(w, \sin(t\pi), \frac{1 - \cos(t\pi)}{2} \right) \cup \tilde{n}^-,$$

$$L := \bigcup_{\substack{w \in \partial \tilde{n}^+ \\ t \in [\frac{1}{2}, 1]}} g^{-1} \left(w, \sin(t\pi), \frac{1 - \cos(t\pi)}{2} \right) \cup \tilde{n}^-,$$

$$L' = \tilde{n}^+ \cup \bigcup_{\substack{w \in \partial \tilde{n}^+ \\ t \in [0, \frac{1}{2}]}} g^{-1} \left(w, \sin(t\pi), \frac{1 - \cos(t\pi)}{2} \right)$$

とおくと，N, L, L' は定義 3.16 の定義を満たす．

3.3 双対性

多様体 Z 上のモース関数 f のモースホモロジー $H_*(Z, f)$（6.1 節で説明）と $-f$ のモースホモロジー $H_*(Z, -f)$ の間には自然なペアリング

$$H_*(Z, f) \otimes H_{n-*}(Z, -f) \to \mathbb{Z}$$

がある．ここで $n = \dim Z$ である．これと同様に，流れ φ のコンレイ指数と逆の流れ $-\varphi$ のコンレイ指数には**スパニエル–ホワイトヘッド双対性**が成り立つ．

定義 3.23. n を非負整数とする．X, Y を基点付き CW 複体とする．このとき X と Y は次数 n のスパニエル–ホワイトヘッド双対であるとは，ある連続写像

$$\delta : X \wedge Y \to S^n, \quad \eta : S^n \to X \wedge Y$$

が存在して，

$$S^n \wedge X \xrightarrow{\eta \wedge id_X} X \wedge Y \wedge X \xrightarrow{i_{13}} X \wedge Y \wedge X \xrightarrow{\delta \wedge id_X} S^n \wedge X$$

と

$$S^n \wedge Y \xrightarrow{\eta \wedge id_Y} X \wedge Y \wedge Y \xrightarrow{i_{23}} X \wedge Y \wedge Y \xrightarrow{\delta \wedge id_Y} S^n \wedge Y$$

が恒等写像にホモトピックになることである．ここで，i_{13}, i_{23} はそれぞれ第 1 成分と第 3 成分の入れ替える写像，第 2 成分と第 3 成分を入れ替える写像である．

基点付き CW 複体 X, Y に対して,$[X, Y]$ を基点を保つ連続写像 $f : X \to Y$ のホモトピー類の集合とする.また,ΣX を X の懸垂とする.

$$\Sigma X = [0, 1] \times X / (\{0, 1\} \times X \cup [0, 1] \times \{*\}).$$

ここで,$*$ は X の基点である.自然な同一視

$$\Sigma X = S^1 \wedge X$$

がある.右辺の $\wedge$ はスマッシュ積を表す.自然な写像

$$
\begin{aligned}
[X, Y] &\to [\Sigma X, \Sigma Y] \\
[f] &\mapsto [id_{S^1} \wedge f]
\end{aligned}
$$

により,帰納系

$$[X, Y] \to [\Sigma X, \Sigma Y] \to [\Sigma^2 X, \Sigma^2 Y] \to \cdots$$

を得る.

$$\{X, Y\} := \varinjlim_m [\Sigma^m X, \Sigma^m Y]$$

と定義する.$\{X, Y\}$ には自然なアーベル群の構造が入る.$\{X, Y\}$ を安定ホモトピー群と呼ぶ.**安定ホモトピー群やスパニエル–ホワイトヘッド双対**に関しては,荒木の本[1]を参照.

命題 3.24. 基点付き CW 複体 X と Y が n 次スパニエル–ホワイトヘッド双対であるとき,任意の基点付き CW 複体 W, Z に対して,安定ホモトピー群の間の同型

$$\{X \wedge W, Z\} \cong \{S^n \wedge W, Y \wedge Z\}$$

がある.

証明. 写像

$$\alpha : \{X \wedge W, Z\} \to \{S^n \wedge W, Y \wedge Z\}$$

を次で定義する.$[f] \in \{X \wedge W, Z\}$ に対して,$\alpha([f])$ を次の写像の安定ホモトピー類とする.

$$\Sigma^m (S^n \wedge W) \xrightarrow{\cong} S^n \wedge \Sigma^m W \xrightarrow{\eta \wedge id_{\Sigma^m W}} X \wedge Y \wedge \Sigma^m W$$

$$\xrightarrow{\cong} Y \wedge \Sigma^m (X \wedge W) \xrightarrow{id_Y \wedge f} Y \wedge \Sigma^m Z \xrightarrow{\cong} \Sigma^m (Y \wedge Z).$$

また,写像

$$\beta : \{S^n \wedge W, Y \wedge Z\} \to \{X \wedge W, Z\}$$

を次で定義する．$[g] \in \{S^n \wedge W, Y \wedge Z\}$ に対して，$\beta([g])$ を次の写像の安定ホモトピー類とする．

$$\Sigma^{m+n} X \wedge W \longrightarrow X \wedge \Sigma^m (S^n \wedge W) \xrightarrow{id_X \wedge g} X \wedge \Sigma^m (Y \wedge Z)$$
$$\xrightarrow{\cong} \Sigma^m (X \wedge Y \wedge Z) \xrightarrow{\delta \wedge id_Z} \Sigma^m (S^n \wedge Z) = \Sigma^{m+n} Z.$$

このとき，α, β が互いに逆写像になっている．詳細は各自に任せる． □

流れ $\varphi : Z \times \mathbb{R} \to Z$ に対して，逆向きの流れ $-\varphi : \mathbb{Z} \times \mathbb{R} \to Z$ を $(-\varphi)(z, t) = \varphi(z, -t)$ で定義する．

定理 3.25. ユークリッド空間 $\mathbb{R}^n$ 上の滑らかな流れ $\varphi : \mathbb{R}^n \times \mathbb{R} \to \mathbb{R}^n$ が与えられたとする．S を孤立不変集合とする．このとき，コンレイ指数 $I(S, \varphi)$ と $I(S, -\varphi)$ は互いにスパニエル–ホワイトヘッド双対である．

証明. N を S の孤立化ブロックとする．つまり N は $\mathbb{R}^n$ のコンパクトな部分多様体で，

$$S = \mathrm{Inv}\, N \subset \mathrm{Int}\, N$$

となる．さらに，∂N のコンパクトな部分多様体 L, L' があって

$$\partial N = L \cup L',$$
$$\partial L = \partial L' = L \cap L',$$
$$\exists t_0 > 0, \varphi(L, (0, t_0)) \cap N = \varnothing, \varphi(L', (-t_0, 0)) \cap N = \varnothing$$

となる．$\epsilon > 0$ を十分小さい正数とし，

$$L_\epsilon = \{z \in N \,|\, \mathrm{dist}(z, L) < \epsilon\}, \quad L'_\epsilon = \{z \in N \,|\, \mathrm{dist}(z, L') < \epsilon\}$$

とおき，

$$\alpha : N \to N \backslash L'_\epsilon, \ \alpha' : N \to N \backslash L_\epsilon$$

をホモトピー同値で次の条件を満たすものとする．

$$\|\alpha(z) - z\| < 2\epsilon, \ \|\alpha'(z) - z\| < 2\epsilon \ (z \in N),$$
$$\alpha(L) \subset L, \ \alpha'(L') \subset L'. \tag{3.7}$$

写像

$$\delta : (N/L) \wedge (N/L') \to B(\mathbb{R}^n, \epsilon) / S(\mathbb{R}^n, \epsilon) = (\mathbb{R}^n)^+ = S^n$$

を次で定義する．

$$\delta(z, z') = \begin{cases} \alpha(z) - \alpha'(z') & \|\alpha(z) - \alpha'(z')\| < \epsilon \text{ のとき，} \\ * & \text{その他のとき．} \end{cases}$$

写像 δ が well-defined であることを示すには，$z \in L$ または $z' \in L'$ のとき $\delta(z, z') = *$ を証明すればよい．これは (3.7) を用いるとできる．

また，

$$\eta : S^n = (\mathbb{R}^n)^+ \to (N/L) \wedge (N/L')$$

を次で定義する．

$$\eta(z) = \begin{cases} z & x \in \operatorname{Int} N \text{ のとき,} \\ * & \text{その他のとき.} \end{cases}$$

ここで，

$$\beta : (\mathbb{R}^n)^+ \wedge (N/L) \xrightarrow{\eta \wedge id} (N/L) \wedge (N/L') \wedge (N/L)$$
$$\xrightarrow{i_{13}} (N/L) \wedge (N/L') \wedge (N/L)$$
$$\xrightarrow{\delta \wedge id} (\mathbb{R}^n)^+ \wedge (N/L)$$

と

$$\beta' : (\mathbb{R}^n)^+ \wedge (N/L') \xrightarrow{\eta \wedge id} (N/L) \wedge (N/L') \wedge (N/L')$$
$$\xrightarrow{i_{23}} (N/L) \wedge (N/L') \wedge (N/L')$$
$$\xrightarrow{\delta \wedge id} (\mathbb{R}^n)^+ \wedge (N/L')$$

が恒等写像にホモトピックであることを示せばよい．

定義から

$$\beta(v, z) = \begin{cases} (\alpha'(v) - \alpha(z), v) & v \in N, \|\alpha'(v) - \alpha(z)\| < \epsilon \text{ のとき,} \\ * & \text{その他のとき.} \end{cases}$$

$\beta(v, z) \neq *$ のとき，

$$\|v - z\| < 4\epsilon$$

である．

いま，$O_{N,4\epsilon} = \{z \in \mathbb{R}^n \,|\, \operatorname{dist}(z, N) < 4\epsilon\}$ とする．ϵ を十分小さく取って，レトラクション $r : O_{N,4\epsilon} \to N$ があるとしてよい．$\|v - z\| < 4\epsilon$ とする．v から z への直線 $(1-s)v + sz$ $(0 \leqslant s \leqslant 1)$ を r で N へ写すことにより，N 内の v から z への曲線を得る．したがって，β は次の写像とホモトピックである．

$$\beta_1 : (\mathbb{R}^n)^+ \wedge (N/L) \to (\mathbb{R}^n)^+ \wedge (N/L),$$

$$\beta_1(v, z) = \begin{cases} (\alpha'(v) - \alpha(z), z) & v \in N, \|\alpha'(v) - \alpha(z)\| < \epsilon \text{ のとき,} \\ * & \text{その他のとき.} \end{cases}$$

$\tilde{\alpha} : N \to N \backslash (L_\epsilon \cup L'_\epsilon)$ を α とホモトピックな写像で

$$\|\tilde{\alpha}(z) - z\| < 2\epsilon$$

を満たすものとする. β_1 は次の写像とホモトピックになる.

$$\beta_2 : (\mathbb{R}^n)^+ \wedge (N/L) \to (\mathbb{R}^n)^+ \wedge (N/L),$$

$$\beta_2(v,z) = \begin{cases} (\alpha'(v) - \tilde{\alpha}(z), \varphi(z,1)) & \text{(3.8) のとき,} \\ * & \text{その他のとき.} \end{cases}$$

ここで,

$$\begin{cases} v \in N, \\ \|\alpha'(v) - \alpha(z)\| < \epsilon, \\ \varphi(z,[0,1]) \subset N \backslash L. \end{cases} \tag{3.8}$$

β_2 が連続であることを見るには, 点列 $v_n \in N$, $v_n \to v \in L$ に対して $\beta_2(v_n,z) \to *$ を確認すればよい. $\epsilon > 0$ は十分小さいとする. $\|\alpha'(v) - \tilde{\alpha}(z)\| < \epsilon$, n が十分大きいとし, $\|v_n - v\| < \epsilon$ とする. このとき, $\mathrm{dist}(z,L) < 10\epsilon$. 特に, $\varphi(z,[0,1]) \not\subset N \backslash L$. よって, $\beta_2(v_n,z) \to *$ (β_1, β_2 をつなぐホモトピーの連続性も同様に示される). さらに β_2 は次の写像とホモトピックである.

$$\beta_3 : (\mathbb{R}^n)^+ \wedge (N/L) \to (\mathbb{R}^n)^+ \wedge (N/L),$$

$$\beta_3(v,z) = \begin{cases} (v - \tilde{\alpha}(z), \varphi(z,1)) & \text{(3.9) のとき,} \\ * & \text{その他のとき.} \end{cases}$$

ただし,

$$\begin{cases} \|v - \tilde{\alpha}(z)\| < \epsilon, \\ \varphi(z,[0,1]) \subset N \backslash L. \end{cases} \tag{3.9}$$

ここで条件 $v \in N$ は必要ないことに注意. もし, $v \notin N$ であれば, $\tilde{\alpha}(z) \in N \backslash L_\epsilon \cup L'_\epsilon$ より, $\|v - \tilde{\alpha}(z)\| > \epsilon$ となり, $\beta_3(v,z) = *$ となる.

最後に次のホモトピーにより, 恒等写像へ変形される.

$$H : (\mathbb{R}^n)^+ \wedge (N/L) \times [0,1] \to (\mathbb{R}^n)^+ \wedge (N/L),$$

$$H(v,z,s) = \begin{cases} (v - (1-s)\tilde{\alpha}(z), \varphi(z,1-s)) & \text{(3.10) が成り立つとき,} \\ * & \text{その他のとき.} \end{cases}$$

ここで, $N \subset B(\mathbb{R}^n, R-1)$ を満たす $R > 0$ を取り, H の定義域の中の $(\mathbb{R}^n)^+$ は $B(\mathbb{R}^n, R)/S(\mathbb{R}^n, R)$ とする. また,

$$\begin{cases} \|v - (1-s)\tilde{\alpha}(z)\| < \epsilon, \\ \varphi(z,[0,1-s]) \subset N \backslash L. \end{cases} \tag{3.10}$$

β' が恒等写像にホモトピックであることも同様に示される. □

3.4 同変指数理論

後にサイバーグ–ウィッテン–フレアー理論で群作用に関して同変なコンレイ指数が必要であるので，同変コンレイ指数について述べておく．

G をコンパクトリー群とする．G が Z に作用しているとする．また，G 同変な流れ

$$\varphi : Z \times \mathbb{R} \to Z$$

があったとする．つまり，φ は Z 上の流れで，$g \in G, x \in M, t \in \mathbb{R}$ に対して，

$$\varphi(g \cdot z, t) = g \cdot \varphi(z, t).$$

定理 3.26（フレアー[23]）．G 不変な孤立不変集合 S に対して，G 不変な指数対 (N, L) が取れる．つまり，(N, L) は S の指数対であって，N, L は集合として G 作用で不変である．

$$g \in G, z \in N \Rightarrow g \cdot z \in N,$$

$$g \in G, z \in L \Rightarrow g \cdot z \in L.$$

基点付き G 同変ホモトピー型 $I(S) = [N/L]$ を S の G 同変コンレイ指数という．

証明. (N', L') を S の G 不変とは限らない指数対であるとする．

$$N := G \cdot N' := \{g \cdot z \,|\, g \in G, z \in N\},$$

$$L := G \cdot L' := \{g \cdot z \,|\, g \in G, z \in L\}$$

とおく．このとき，(N, L) は G 不変な指数対になっている． □

また，定理 3.11 の G 同変版も成立する．

定理 3.27. S を流れ φ の G 不変な孤立不動集合，A を S の G 不変な孤立化近傍とする．$A^+ = \{z \in A \,|\, \varphi(z, [0, \infty)) \subset A\}$ とする．K_1, K_2 は A の G 不変コンパクト部分集合で，次の条件が満たされているとする．

(1) $\varphi(K_1 \cap A^+, [0, \infty)) \cap \partial A = \varnothing$.
(2) $K_2 \cap A^+ = \varnothing$.

このとき，S の G 不変な指数対 (N, L) で $K_1 \subset N \subset A$, $K_2 \subset L$ となるものが存在する．

証明. 定理 3.11 より，G 不変とは限らない指数対 (N', L') で，$K_1 \subset N'$, $K_2 \subset L$ となるものが取れる．

$$N := G \cdot N', \quad L := G \cdot L'$$

とおくと，(N, L) が求める指数対となる. □

適当な条件の下，G 不変な孤立化ブロックも取れる.

定理 3.28. Z を滑らかな多様体とし，コンパクトリー群 G が Z へ滑らかに作用しているとする．Z の G 不動点集合

$$Z^G = \{z \in Z | \forall g \in G, g \cdot z = z\}$$

は Z の部分多様体であると仮定する．また，G 作用は $Z \backslash Z^G$ 上では自由な作用になっているとする.

G 同変な滑らかな流れ

$$\varphi : Z \times \mathbb{R} \to Z$$

の G 不変な孤立不変集合 S とその G 不変な孤立化近傍 A に対して，G 不変な孤立化ブロック N で $N \subset A$ となるものが取れる.

証明. $S^G(= S \cap Z^G)$ は制限 $\varphi|_{Z^G} : Z^G \times \mathbb{R} \to Z^G$ の孤立不変集合で，$A^G(= A \cap Z^G)$ はその孤立化近傍になっている．定理 3.17 より S^G の $\varphi|_{Z^G}$ に関する孤立化ブロック N^G がとれて，$N^G \subset A^G$ となる.

W を S のコンパクトな近傍で，$W \subset \text{Int } A$ とする．$z \in A^+ \backslash W$ に対して，D_z を補題 3.18 のように取る．さらに次の条件を課す.

- $z \notin Z^G$ のときは，$D_z \cap Z^G = \varnothing$ かつ，$g \in G$ に対して，$D_{g \cdot z} = g \cdot D_z$ となるように選ぶ.
- $z \in Z^G$ のときは，$g \in G$ に対して，$g \cdot D_z = D_z$ となるように選ぶ.

上の条件を満たすように D_z を取れることは次のようにして示せる. $p : A^+ \backslash (W \cup Z^G) \to (A^+ \backslash (W \cup Z^G))/G$ を射影とする．各 $q \in \{A^+ \backslash (W \cup Z^G))\}/G$ に対して，$p(z_q) = q$ となる $z_q \in A^+ \backslash (W \cup Z^G)$ を 1 つ選ぶ．D_{z_q} を補題 3.18 の条件を満たし，さらに $D_{z_q} \cap Z^G = \varnothing$ となるように選ぶ．G 作用は $A^+ \backslash (W \cup Z^G)$ に自由に作用しているから，任意の $w \in A^+ \backslash (W \cup Z^G)$，$p(w) = q$ に対して，ただ 1 つの $g \in G$ が存在して，$w = g \cdot z_q$ と書ける．このとき，$D_w := g \cdot D_{z_q}$ とおけばよい．$\pi^\pm : E^\pm \to B^\pm$ を定理 3.17 の証明の中の $\mathbb{R}$ をファイバーとするファイバー束とする．$B^\pm$ には G 作用が自然に誘導される.

G 不動点集合で切断

$$(s^+)^G : (B^+)^G \to (E^+)^G, \quad (s^-)^G : (B^-)^G \to (E^-)^G$$

を取り，定理 3.17 の証明と同様の議論で，S^G の A^G における孤立化ブロック N^G を得る.

T を Z^G の G 不変な十分小さい管状近傍とする．T は Z^G 上の円盤束となっている.

$$p_T : T \to Z^G$$

を射影とする．$U^+ := \pi^+(E^+ \cap T)$ は $(B^+)^G$ の B^+ における管状近傍になっている．射影

$$p_{U^+} : U^+ \to (B^+)^G$$

は G 同変である．引き戻し切断

$$p_{U^+}^*(s^+)^G : U^+ \to E^+ \cap T \ (= (\pi^+)^{-1}(U^+))$$

は G 同変な切断である．$E^+ \backslash T, B^+ \backslash U^+$ には G が自由に作用し，

$$(E^+ \backslash T)/G \to (B^+ \backslash U^+)/G$$

は $\mathbb{R}$ をファイバーとする滑らかなファイバー束である．$p_{U^+}^*(s^+)^G$ は境界上の切断

$$\bar{s}_\partial : \partial(B^+ \backslash U^+)/G \to (E^+ \backslash T)/G$$

を誘導する．ファイバー $\mathbb{R}$ は可縮であるから，$\bar{s}_\partial$ の拡張である滑らかな切断

$$\bar{s} : (B^+ \backslash U^+)/G \to (E^+ \backslash T)/G$$

が存在する．G 作用による射影で引き戻して，G 同変な滑らかな切断

$$s : B^+ \backslash U^+ \to E^+ \backslash T$$

を得る．構成の仕方から，$p_{U^+}^*(s^+)^G$ と s は境界 $\partial(B^+ \backslash U^+)$ において張り合い，G 同変な滑らかな切断

$$s^+ : B^+ \to E^+$$

を得る．同様に G 同変な滑らかな切断

$$s^- : B^- \to E^-$$

を取ることができる．s^+, s^- を用いて，N を定理 3.17 の証明と同様に定義すると，N は G 不変な孤立化ブロックになっている． $\square$

第 4 章
4 次元多様体

この章では，4 次元多様体の交叉形式の基本的事項と 4 次元多様体の構成について述べる．4 次元多様体の交叉形式は，4 次元多様体の分類において重要な不変量である．2 次形式が 4 次元多様体の交叉形式として実現されるかどうかは，4 次元トポロジーにおいて基本的な問題となっている．

4.1　4 次元多様体の交叉形式

4 次元多様体の重要な位相不変量である交叉形式について述べる．X を連結で向きの付いた閉 4 次元位相多様体とする．このとき，交叉形式

$$Q_X : H_2(X;\mathbb{Z})/\mathrm{Tor} \otimes H_2(X;\mathbb{Z})/\mathrm{Tor} \to \mathbb{Z}$$

が

$$Q_X(\alpha_1, \alpha_2) = \langle PD(\alpha_1) \cup PD(\alpha_2), [X] \rangle$$

によって定義される．Tor は $H_2(X;\mathbb{Z})$ のトージョンの元からなる部分群であり，$[X] \in H_4(X;\mathbb{Z})$ は X の基本類，$PD : H_2(X;\mathbb{Z}) \to H^2(X;\mathbb{Z})$ はポアンカレ双対同型である．Q_X は**ユニモジュラー**な 2 次形式である（ユニモジュラーとは $\det Q_X = \pm 1$ を満たすことである）．

ユニモジュラー 2 次形式 $Q : \mathbb{Z}^n \otimes \mathbb{Z}^n \to \mathbb{Z}$ が与えられたとき，Q を交叉形式とする 4 次元多様体 X が存在するか？というのは，4 次元多様体論で基本的な問題である．これに関して重要な次の定理がある（以下，特に断らない限り，4 次元多様体は連結とする）．

定理 4.1（フリードマン[26]）．任意のユニモジュラー 2 次形式 Q に対して，単連結で向きの付いた 4 次元位相多様体 X が存在して

$$Q \cong Q_X$$

が存在する．そのような位相多様体は，同相を除いて，ちょうど2つある．さらに，そのうち少なくとも1つは滑らかな多様体の構造は持たない．

この定理から次を得る．

系 4.2. X, X' は単連結な向きの付いた滑らかな4次元多様体とする．2次形式の同型

$$(H_2(X;\mathbb{Z}), Q_X) \cong (H_2(X';\mathbb{Z}), Q_{X'})$$

があれば，X と X' は同相である（X, X' は単連結なときは，普遍係数定理より $H_2(X;\mathbb{Z}), H_2(X';\mathbb{Z})$ はトージョンを持たないので，Tor で割る必要はない）．

フリードマンの定理により，任意のユニモジュラー2次形式は，4次元位相多様体の交叉形式として実現される．位相多様体を滑らかな多様体に置き換えてこの問題を考えると，より難しく，まだまだ問題が残っている．この問題は**ドナルドソン理論**や**サイバーグ–ウィッテン理論**による研究が行われているが，第5章ではサイバーグ–ウィッテン理論を用いたこの問題の研究について解説する（ちなみに C^1 級多様体で考えても，C^∞ 級多様体と考えても同じことになる．（4次元に限らず）C^1 級多様体には，（自然な）C^∞ 級多様体の構造が入ることが知られている）．

まず，ドナルドソンは，インスタントンのモジュライ空間を用いて次の定理を示した．

定理 4.3（ドナルドソン[19]）．X を向きの付いた，滑らかな閉4次元多様体とする．もし，Q_X が負定値ならば，Q_X は**対角化可能**である．つまり，$H_2(X;\mathbb{Z})/\mathrm{Tor}$ の基底を適当に取ると，Q_X の表現行列は対角行列

$$\mathrm{diag}(-1, \dots, -1)$$

になる．

ここで，Q_X が負定値であるとは，任意の $\alpha \in H_2(X;\mathbb{Z})$，$\alpha \neq 0$ に対して，$Q_X(\alpha, \alpha) < 0$ となることである．言い換えると，Q_X の固有値はすべて負の実数である．ドナルドソンの論文[19]では，4次元多様体は単連結と仮定してあるが，のちにこの仮定は除かれている．この定理のサイバーグ–ウィッテン理論による証明を5.7節で述べる．

このドナルドソンの論文[19]は，結果が非常に強力であるととともに，物理のゲージ理論の4次元多様体論への応用の研究の始まりとなった．

負定値なユニモジュラーな2次形式で E_8 というものがある．E_8 は図4.1のように表される．

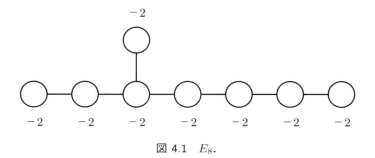

図 4.1 E_8.

$v_1, \ldots, v_8$ を E_8 の頂点とし，$\mathbb{Z}^8$ を $v_1, \ldots, v_8$ を基底とする格子とする．その上の 2 次形式 Q_{E_8} を

$$
Q_{E_8}(v_i, v_j) = \begin{cases} -2 & i = j \text{ のとき,} \\ 1 & v_i \text{ と } v_j \text{ が } E_8 \text{ の辺で結ばれるとき,} \\ 0 & \text{その他} \end{cases}
$$

により定義する．この 2 次形式は負定値でユニモジュラーである．n を正の整数とすると，Q_{E_8} の n 個の直和は定理 4.1 より，4 次元位相多様体の交叉形式として実現されるが，定理 4.3 より，滑らかな 4 次元多様体の交叉形式としては実現されない．このように，4 次元位相多様体のカテゴリーと 4 次元微分多様体のカテゴリーには差があるということになる．この差を利用した有名な帰結として，$\mathbb{R}^4$ はエキゾチックな微分構造を持つということが示される．

定理 4.4. $\mathbb{R}^4$ を標準的な滑らかな多様体の構造が与えられた 4 次元ユークリッド空間とする．滑らかな 4 次元多様体 R で，$\mathbb{R}^4$ と同相であるが，微分同相でないものが存在する．

$\mathbb{R}^4$ を位相多様体と考えたときに，$\mathbb{R}^4$ には通常とは異なる微分構造が存在するということである（滑らかな多様体の構造を微分構造と呼ぶことにする）．$\mathbb{R}^4$ の微分構造は最初は有限個構成されたが[31]，のちにタウベス[74]により，非加算無限個あることが示されている．一方，$n \neq 4$ ならば，$\mathbb{R}^n$ は通常の微分構造の 1 つしかないことが知られている（スターリングスの論文[71] を参照）．この現象は 4 次元は非常に特殊な次元であることを示している．

定理 4.3 では Q_X が負定値の場合に述べたが，正定値の場合についても同様である．次に Q_X が不定符号の場合について述べる（Q_X が正の固有値と負の固有値の両方を持つということ）．

2 次形式 Q に対して，$\sigma(Q)$ を Q の符号数とする．つまり，Q の正の固有値の個数と負の固有値の個数の差として定義される．

$$
H = \begin{pmatrix} 0 & 1 \\ 1 & 0 \end{pmatrix}
$$

とする．H はユニモジュラーで不定符号な 2 次形式で，$\sigma(H) = 0$ である．H の正の固有値の個数と負の固有値の個数はともに 1 である．次のことが成り立つ（セールの本[70]の Chapter V, 2.2 を参照）．

定理 4.5. Q を $\mathbb{Z}^d$ 上のユニモジュラーな 2 次形式で，不定符号であるとする．Q が even であるとする．つまり任意の $\alpha \in \mathbb{Z}^d$ に対して

$$Q(\alpha, \alpha) \equiv 0 \quad \text{mod } 2$$

を満たすとする．このとき，ある $p, q \in \mathbb{Z}_{\geq 0}$ が存在して

$$Q \cong \begin{cases} pE_8 \oplus qH & \sigma(Q) \leq 0 \text{ のとき,} \\ p(-E_8) \oplus qH & \sigma(Q) > 0 \text{ のとき.} \end{cases}$$

特に

$$\sigma(Q) \equiv 0 \quad \text{mod } 8 \tag{4.1}$$

が成り立つ．

また，Q が odd のとき（つまり，Q が even でないとき），ある $p, q \in \mathbb{Z}_{>0}$ が存在して，Q は対角行列の直和

$$\text{diag}(\overbrace{1, \ldots, 1}^{p}) \oplus \text{diag}(\overbrace{-1, \ldots, -1}^{q})$$

と同型である．

Q_X が不定符号の場合，4 次元多様体 X が **spin 構造**を持つ場合に研究が進んでいる．滑らかな 4 次元多様体 X の spin 構造とは，接束 TX に付随する $SO(4)$ 主束 P_X の **Spin(4) 主束**への持ち上げのことをいう．X が spin 構造を持つための必要十分条件は

$$w_2(X) = 0 \in H^2(X; \mathbb{Z}_2)$$

である．$w_2(X)$ は TX の**第 2 シュティーフェル–ホイットニー類**である．一般に，向きの付いた滑らかな閉 4 次元多様体 X に対して，

$$Q_X(\alpha, \alpha) \equiv \langle w_2(X) \cup PD(\alpha), [X] \rangle \quad \text{mod } 2 \quad (\forall \alpha \in H_2(X; \mathbb{Z})) \tag{4.2}$$

となることが知られている．よって，X が spin 構造を持つならば，Q_X は even である．

4 次元多様体の交叉形式 Q_X の**符号数**を $\sigma(X)$ で表す．Q_X の正の固有値の個数を $b^+(X)$，負の固有値の個数を $b^-(X)$ とすると

$$b_2(X) = b^+(X) + b^-(X), \quad \sigma(X) = b^+(X) - b^-(X)$$

となる．

定理 4.6（ロホリン）．X が滑らかな spin 閉 4 次元多様体ならば，

$$\sigma(X) \equiv 0 \quad \mathrm{mod} \ 16$$

である．

　この定理は spin 4 次元多様体の交叉形式 Q_X は，代数的に示される等式 (4.1) よりも強い条件を満たすことを示している．定理 4.6 より

$$(2p+1)E_8 \oplus qH$$

は滑らかな spin 4 次元多様体の交叉形式にはなり得ないということになる．
　ドナルドソンはインスタントンのモジュライ空間を用いて，次を証明した．

定理 4.7（ドナルドソン[20]）．X が滑らかな spin 閉 4 次元多様体とする．もし，$b^+(X) = 1$ ならば

$$Q_X \cong H$$

である．また，もし $b^+(X) = 2$ ならば

$$Q_X \cong 2H$$

である．

　次の $\frac{11}{8}$-予想と呼ばれる松本幸夫氏による予想がある．

予想 4.8（松本[52]）．滑らかな spin 閉 4 次元多様体 X に対して

$$\frac{11}{8}|\sigma(X)| \leqslant b_2(X)$$

が成立する．

　Q_X が正定値または負定値の場合は，定理 4.3 よりこの予想は正しい（この場合，Q_X は対角行列に同型，かつ even であるから，$Q_X = 0$ になる．よって，$b_2(X) = \sigma(X) = 0$ である）．不定符号の場合の $\frac{11}{8}$-予想に関して大きい進展が，古田氏によってサイバーグ–ウィッテン理論を用いて与えられた．

定理 4.9（古田[29]）．X を滑らかな spin 閉 4 次元多様体で，Q_X が不定符号であるとする．このとき，次が成り立つ．

$$\frac{10}{8}|\sigma(X)| + 2 \leqslant b_2(X).$$

　証明はサイバーグ–ウィッテン方程式の有限次元に，2.3 節で示した Pin(2) 同変ボルスク–ウラム型定理を適用する．定理 4.9 の証明は 5.8 節で説明する．
　閉多様体でなく，境界付き 4 次元多様体の交叉形式に関しても同様の問題が考えられる．それについては，サイバーグ–ウィッテン–フレアー理論を用いる

研究が進められている。それについては 7.6 節で解説する。

4.2 4次元多様体の構成

ユニモジュラー 2 次形式 $Q : \mathbb{Z}^n \otimes \mathbb{Z}^n \to \mathbb{Z}$ が与えられると、定理 4.1 から Q を交叉形式とする閉 4 次元位相多様体 X が存在する。この X の構成の方法の概略を述べる。

ユニモジュラーとは限らない $\mathbb{Z}^n$ 上の 2 次形式 Q が与えられたとする。ある対称行列

$$A = (a_{i,j})_{ij=1,\ldots,n}$$

によって

$$Q(\alpha, \beta) = {}^t\alpha A \beta$$

と書ける。α, β は n 次元列ベクトルで、${}^t\alpha$ は α の転置。

S^3 の中に結び目 K_i $(i = 1, \ldots, n)$ を互いに交わらないように取り、$i \neq j$ に対して、絡み目数 $l(K_i, K_j)$ が a_{ij} になるようする。また、K_i の S^3 の中での管状近傍 N_i の自明化 $f_i : N_i \stackrel{\cong}{\to} K_i \times D^2$ を取る。$K_i' = f_i^{-1}(K_i, 1) \subset S^3$ とする。必要ならば、関数 $K_i \to O(2)$ を f_i にかけることにより、f_i は $l(K_i, K_i') = a_{ii}$ を満たすとしてよい。

各 i に対して、2 ハンドル $H_i = D^2 \times D^2$ を取る。N_i を 4 次元円盤 D^4 の境界の部分空間と見る。N_i の自明化 f_i を用いて、$D^2 \times S^1$ と N_i を同一視することにより、H_i を D^4 に接着させる。これにより、滑らかな 4 次元多様体 W を得る。W の境界を Y とする。W の交叉形式は Q となる。次が成り立つ。

命題 4.10. Q がユニモジュラーであることと、W の境界 Y がホモロジー 3 球面であることは同値である。

Q はユニモジュラーとする。命題 4.10 により、Y はホモロジー 3 球面である。向きの付いたコンパクト 4 次元多様体 Z で

$$\partial Z = -Y, \quad H_*(Z; \mathbb{Z}) \cong H_*(D^4; \mathbb{Z}) \tag{4.3}$$

となるようなものが存在すると仮定する。このとき、

$$X := W \cup_Y Z$$

とおけば、X は閉 4 次元多様体で、交叉形式が Q になる。問題は条件 (4.3) を満たす多様体 Z が存在するかということになる。これが非常に難しい問題であるが、フリードマンによると、位相多様体としては Z が存在する。

定理 4.11（フリードマン[26]）。任意のホモロジー 3 球面 Y に対して、コンパ

クト 4 次元位相多様体 Z が存在して，$\partial Z = -Y$ であり，かつ Z は可縮である（よって Z は (4.3) を満たす）．

　以上により，ユニモジュラーな 2 次形式 Q に対して，閉 4 次元位相多様体 X が存在して，交叉形式が Q になっている．一方，すでに説明したように，滑らかな 4 次元多様体の交叉形式として実現されないユニモジュラー形式が存在するため，(4.3) を満たす滑らかな 4 次元多様体 Z は，一般には存在しない．例えば，タウベスはインスタントンのモジュライ空間を用いて，次を証明している．

定理 4.12（タウベス[74]）．Y をホモロジー 3 球面とする．次の条件を満たす滑らかなコンパクト 4 次元多様体 W が存在したとする．
- $\partial W = -Y$.
- $\pi_1(W) = 1$.
- Q_W は負定値で，$Q_W \ncong \mathrm{diag}(-1, \ldots, -1)$.

このとき，次の条件を満たす滑らかなコンパクト 4 次元多様体 Z は存在しない．
- $\partial Z = Y \# (-Y)$.
- $H_*(Z; \mathbb{Z}) \cong H_*(D^4; \mathbb{Z})$.

　密接に関連したものとして，4 次元多様体のコルクというものがある．

定義 4.13. 以下の条件が満たされるとき，組み (Y, Z, ι) を**コルク**と呼ぶ．
- Y はホモロジー 3 球面．
- Z はコンパクト，可縮な滑らかな 4 次元多様体で，$\partial Z = Y$.
- $\iota : Y \to Y$ は微分同相写像で，$\iota^2 = id$.
- ι は Z の微分同相写像に拡張できない．

　コルクは同相であるが，微分同相でない 4 次元多様体の例を構成するのに重要な役割を果たすことが知られている．

定義 4.14. X を向きの付いた滑らかな閉 4 次元多様体，(Y, Z, ι) をコルクとし，埋め込み $f : Z \hookrightarrow X$ があるとする（よって，$X = W \cup_{f|_{\partial Z}} Z$ と書ける．ここで，$W = X \backslash f(Z \backslash \partial Z)$）．このとき，滑らかな 4 次元多様体

$$X' = W \cup_{\iota \circ f|_{\partial Z}} Z$$

を X の**コルクツイスト**と呼ぶ．

定理 4.15（カーティス–フリードマン–シアン–ストング[16]，マトヴェイフ[54]）．X_1, X_2 を単連結な，向きの付いた滑らかな閉 4 次元で，X_1 と X_2 の間に向きを保つ同相写像があるとする．このとき，X_1 と X_2 の間に向きを保つ微分同

相が存在しないための必要十分条件は，X_2 が X_1 のコルクツイストになっていることである．

　コルクを用いた 4 次元多様体の微分構造の研究は，アクブルト，ゴンプ，安井，丹下らによって行われている．例えばアクブルトの本[6]，ゴンプ–スティプシッツの本[33] や論文[5], [7], [8], [32], [72] を見よ．

　コルクの具体的な例を見つけるのは容易ではないが，サイバーグ–ウィッテン理論や**ヒーガード–フレアー理論**を用いて，具体例が発見されている．それについては論文[17], [47] などを見よ．

第 5 章
サイバーグ–ウィッテン方程式と
4 次元多様体の交叉形式

　この章では，4 次元多様体上のサイバーグ–ウィッテン方程式を導入する．サイバーグ–ウィッテン方程式の応用は様々あるが，本書では，主に 4 次元多様体の交叉形式への応用を紹介する．ドナルドソンの定理（定理 4.3）や $\frac{10}{8}$ 不等式（定理 4.9）の証明を行う．サイバーグ–ウィッテン方程式の有限次元近似に，ボルスク–ウラム型定理を適用することで証明を得る．

5.1　3 次元多様体，4 次元多様体の spin 構造，spin^c 構造

　サイバーグ–ウィッテン方程式を考えるには，**spin** 構造や **spin**^{c} 構造が必要である．ここでは，spin 構造や spin^c 構造について簡略に説明する．spin 構造や spin^c 構造について詳しくは，ローソン–マイケルソンの本[42] を参照．
　$n \geqslant 3$ に対して，$\pi_1(SO(n)) = \mathbb{Z}_2$ であるので，$SO(n)$ の（非自明な）二重被覆空間が（同型を除いて）1 つある．それを **spin** 群と呼び，$\mathrm{Spin}(n)$ と書く．**Spin(3)**, **Spin(4)** は次のように具体的に書ける．四元数体 $\mathbb{H}$ を右からのスカラー積により，$\mathbb{H}$ 上（または，$\mathbb{C}$ 上，$\mathbb{R}$ 上）のベクトル空間とみなす．

$$\mathrm{Im}\,\mathbb{H} = \{ia + jb + kc \,|\, a, b, c \in \mathbb{R}\} \subset \mathbb{H}$$

とする．このとき，

$$SO(3) = \{f : \mathrm{Im}\,\mathbb{H} \to \mathrm{Im}\,\mathbb{H} \,|\, f \text{ は } \mathbb{R}\text{-線形で } \|f(v)\| = \|v\| \ (\forall v \in \mathrm{Im}\,\mathbb{H}) \},$$

$$SO(4) = \{f : \mathbb{H} \to \mathbb{H} \,|\, f \text{ は } \mathbb{R}\text{-線形で } \|f(v)\| = \|v\| \ (\forall v \in \mathbb{H}) \},$$

$$SU(2) = Sp(1) = \{q \in \mathbb{H} \,|\, |q| = 1\}$$

と同一視される．

$$
\begin{array}{ccc}
Sp(1) & \to & SO(3) \\
q & \mapsto & (\mathrm{Im}\,\mathbb{H} \ni v \mapsto qvq^{-1} \in \mathrm{Im}\,\mathbb{H})
\end{array}
$$

は非自明な二重被覆となっており，

$$\mathrm{Spin}(3) = Sp(1)$$

である．また，

$$
\begin{aligned}
Sp(1) \times Sp(1) &\rightarrow SO(4) \\
(q_1, q_2) &\mapsto (\mathbb{H} \ni v \mapsto q_1 v q_2^{-1} \in \mathbb{H})
\end{aligned}
$$

も非自明な二重被覆となっていることから，

$$\mathrm{Spin}(4) = Sp(1) \times Sp(1)$$

を得る．

spin^c 群を次のように定義する．

$$\mathrm{Spin}^c(n) = \mathrm{Spin}(n) \times_{\{\pm 1\}} S^1.$$

ここで，$S^1 = \{z \in C \,|\, |z| = 1\}$ である．自然に $S^1/\{\pm 1\}(\cong S^1)$ をファイバーとするファイバー束

$$\mathrm{Spin}^c(n) \rightarrow SO(n)$$

がある．

$\mathrm{Spin}(3)$, $\mathrm{Spin}(4)$, **Spin^c(3)**, **Spin^c(4)** の表現が次のように定義される．まず，

$$
\begin{aligned}
\mathrm{Aut}_K(\mathbb{H}) &= \{f : \mathbb{H} \rightarrow \mathbb{H} \,|\, f \text{ は } K\text{-線形同型} \}, \\
\mathrm{Aut}_{\mathbb{R}}(\mathrm{Im}\,\mathbb{H}) &= \{f : \mathrm{Im}\,\mathbb{H} \rightarrow \mathrm{Im}\,\mathbb{H} \,|\, f \text{ は } \mathbb{R}\text{-線形同型} \}, \\
\mathrm{Aut}_{\mathbb{C}}(\mathbb{C}) &= \{f : \mathbb{C} \rightarrow \mathbb{C} \,|\, f \text{ は } \mathbb{C}\text{-線形同型} \}
\end{aligned}
$$

とする．ここで，$K = \mathbb{R}, \mathbb{C}$ または $\mathbb{H}$．以下，$\mathrm{Spin}(3)$, $\mathrm{Spin}(4)$, $\mathrm{Spin}^c(3)$, $\mathrm{Spin}^c(4)$ の表現を定義していこう．

まず，$\mathrm{Spin}(3)$ の表現

$$
\begin{aligned}
\rho_S &: \mathrm{Spin}(3) = Sp(1) \rightarrow \mathrm{Aut}_{\mathbb{H}}(\mathbb{H}), \\
\rho_T &: \mathrm{Spin}(3) \rightarrow \mathrm{Aut}_{\mathbb{R}}(\mathbb{H})
\end{aligned}
\tag{5.1}
$$

は

$$
\begin{aligned}
\rho_S(q)(v) &= qv, \\
\rho_T(q)(v) &= qvq^{-1}
\end{aligned}
$$

で定義する．

次に $\mathrm{Spin}(4)$ の表現

$$\rho_{S^+} : \mathrm{Spin}(4) = Sp(1) \times Sp(1) \to \mathrm{Aut}_{\mathbb{H}}(\mathbb{H}),$$

$$\rho_{S^-} : \mathrm{Spin}(4) \to \mathrm{Aut}_{\mathbb{H}}(\mathbb{H}),$$

$$\rho_T : \mathrm{Spin}(4) \to \mathrm{Aut}_{\mathbb{R}}(\mathbb{H}), \tag{5.2}$$

$$\rho_{\Lambda^+} : \mathrm{Spin}(4) \to \mathrm{Aut}_{\mathbb{R}}(\mathrm{Im}\,\mathbb{H})$$

は

$$\rho_{S^+}(q_1, q_2)(v) = q_2 v,$$

$$\rho_{S^-}(q_1, q_2)(v) = q_1 v,$$

$$\rho_T(q_1, q_2)(v) = q_1 v q_2^{-1}$$

$$\rho_{\Lambda^+}(q_1, q_2)(v) = q_2 v q_2^{-1}$$

で定義する.

$\mathrm{Spin}^c(3)$ の表現

$$\rho_S : \mathrm{Spin}^c(3) \to \mathrm{Aut}_{\mathbb{C}}(\mathbb{H}),$$

$$\rho_T : \mathrm{Spin}^c(3) \to \mathrm{Aut}_{\mathbb{C}}(\mathbb{H}), \tag{5.3}$$

$$\rho_{\det} : \mathrm{Spin}^c(3) \to \mathrm{Aut}_C(\mathbb{C})$$

は

$$\rho_S(q, z)(v) = qvz,$$

$$\rho_T(q, z)(v) = qvq^{-1},$$

$$\rho_{\det}(q, z)(v) = z^2 v$$

で定義する.

最後に $\mathrm{Spin}^c(4)$ の表現

$$\rho_{S^+} : \mathrm{Spin}^c(4) \to \mathrm{Aut}_{\mathbb{C}}(\mathbb{H}),$$

$$\rho_{S^-} : \mathrm{Spin}^c(4) \to \mathrm{Aut}_{\mathbb{C}}(\mathbb{H}),$$

$$\rho_T : \mathrm{Spin}^c(4) \to \mathrm{Aut}_{\mathbb{R}}(\mathbb{H}), \tag{5.4}$$

$$\rho_{\Lambda^+} : \mathrm{Spin}^c(4) \to \mathrm{Aut}_{\mathbb{R}}(\mathrm{Im}\,\mathbb{H}),$$

$$\rho_{\det} : \mathrm{Spin}^c(4) \to \mathrm{Aut}_{\mathbb{C}}(\mathbb{C})$$

は

$$\rho_{S^+}(q_1, q_2, z)(v) = q_2 v z,$$

$$\rho_{S^-}(q_1, q_2, z)(v) = q_1 v z,$$

$$\rho_T(q_1, q_2, z)(v) = q_1 v q_2^{-1},$$

$$\rho_{\Lambda^+}(q_1, q_2, z)(v) = q_2 v q_2^{-1},$$

$$\rho_{\det}(q_1, q_2, z)(v) = z^2 v$$

で定義する.

向きの付いた n 次元リーマン多様体 X に対して,P_X を接束 TX に付随する主 $SO(n)$ 束とする.

$$P_X = \bigcup_{x \in X} \{(v_1, \ldots, v_n) | \text{向きと整合的な } T_x X \text{ の正規直交基底 } \}.$$

定義 5.1. X の spin 構造とは,主 $SO(n)$ 束 P_X の主 $\mathrm{Spin}(n)$ 束への持ち上げのことである.また,X の spin^c 構造とは,P_X の主 $\mathrm{Spin}^c(n)$ 束への持ち上げのことである.

命題 5.2. X が spin 構造が持つことの必要十分条件は $w_2(X) = 0$ である.$\mathrm{Spin}(X)$ を X の spin 構造の同型類全体の集合とする.X が spin 構造を持つとき,(標準的ではない)全単射

$$H^1(X; \mathbb{Z}_2) \to \mathrm{Spin}(X)$$

が存在する.

命題 5.3. X が spin^c 構造 $\mathfrak{s}$ を持つための必要十分条件は,ある $c \in H^2(X; \mathbb{Z})$ が存在して,

$$c \equiv w_2(X) \mod 2$$

となることである($c_1(\det \mathfrak{s}) = c$ である.$\det \mathfrak{s}$ は下で定義される複素直線束).

また,$\mathrm{Spin}^c(X)$ を X の spin^c 構造の同型類全体の集合とする.X が spin^c 構造を持つとき,(標準的ではない)全単射

$$H^2(X; \mathbb{Z}) \to \mathrm{Spin}^c(X)$$

が存在する.

定理 5.4. 滑らかな向きのついた 4 次元多様体 X は spin^c 構造を持つ.

この定理については,ゴンプ–スティプシッツの本[33]の Proposition 2.4.16 を見よ.障害理論,特性類の計算により,3 次元多様体に対しては次を示せる.

定理 5.5. Y が向きの付いた滑らかな 3 次元多様体であるとする.このとき,Y は spin 構造,spin^c 構造を持つ.さらに接束 TY は自明化を持つ.

X を 4 次元リーマン多様体とする.X が spin 構造または spin^c 構造 $\mathfrak{s}$ を持っていたとする.対応する主 $\mathrm{Spin}(4)$ 束,または主 $\mathrm{Spin}^c(4)$ 束を $\tilde{P}_X$ とする.表現 (5.2) または (5.4) を用いて,X 上のベクトル束

$$S^+ = \tilde{P}_X \times_{\rho_{S^+}} \mathbb{H},$$
$$S^- = \tilde{P}_X \times_{\rho_{S^-}} \mathbb{H},$$
$$TX = \tilde{P}_X \times_{\rho_T} \mathbb{H},$$
$$\Lambda^+ T^* X = \tilde{P}_X \times_{\rho_{\Lambda^+}} \operatorname{Im} \mathbb{H},$$
$$\det \mathfrak{s} = \tilde{P}_X \times_{\rho_{\det}} \mathbb{C}$$

が定義される．S^+, S^- はスピノール束と呼ばれる階数 2 の複素ベクトル束である．TX は X の接ベクトル束である．リーマン計量により，TX と余接ベクトル束 $T^* X$ を同一視し，$T^* X = \tilde{P}_X \times_{\rho_T} \mathbb{H}$ とみなす．$\Lambda^+ T^* X$ は $\Lambda^2 T^* X$ の階数 3 の部分束で

$$\Lambda^+ T^* X = \{ \omega \in \Lambda^2 T^* X \,|\, * \omega = \omega \}$$

である．ここで，$* : \Lambda^2 T^* X \to \Lambda^2 T^* X$ はホッジ $*$-作用素である．$\Lambda^+ T^* X$ の切断を自己双対 2 形式という．

それぞれの表現の作用が $\mathbb{H}, \operatorname{Im} \mathbb{H}, \mathbb{C}$ の標準的計量を保つため，$S^{\pm}, \Lambda^+ T^* X$, $\det \mathfrak{s}$ には自然に計量が定義される．

$\mathfrak{s}$ が spin 構造のときは，$S^{\pm}$ は四元数ベクトル束になる．また，$\det \mathfrak{s}$ は自明束．

クリフォード積

$$\rho : T^* X \to \operatorname{Hom}_{\mathbb{C}}(S^+, S^-)$$

を

$$\rho(v)w = vw \quad (v \in T^* X, w \in S^+)$$

により定義する．ただし，右辺は $\mathbb{H}$ における積が誘導する積である．

3 次元リーマン多様体 Y 上にも表現 (5.1), (5.3) を用いてベクトル束を定義できる．$\mathfrak{s}$ を Y の spin 構造，または spin^c 構造とする．$\tilde{P}_Y$ を対応する主 $\operatorname{Spin}(3)$ 束，または主 $\operatorname{Spin}^c(3)$ 束とする．Y 上のベクトル束が次で定義される．

$$S = \tilde{P}_Y \times_{\rho_S} \mathbb{H},$$
$$TY = \tilde{P}_Y \times_{\rho_T} \operatorname{Im} \mathbb{H},$$
$$\det \mathfrak{s} = \tilde{P}_Y \times_{\rho_{\det}} \mathbb{C}.$$

S は Y 上の**スピノール束**と呼ばれる階数 2 の複素ベクトル束である．$\mathfrak{s}$ が spin 構造のときは，S は四元数ベクトル束で，$\det \mathfrak{s}$ は自明束である．

クリフォード積

$$\rho : T^* Y \to \operatorname{End}(S)$$

が

$$\rho(v)(w) = vw$$

により定義される．右辺は $\mathbb{H}$ における積が誘導する積である．

n 次元多様体 X が spin 構造を持つとする．主 $\mathrm{Spin}(n)$ 束 $\tilde{P}_X$ 上の接続 A で，A の P_X に誘導する接続がレビ・チビタ接続と一致するとき，A を **spin 接続**という．同様に，主 $\mathrm{Spin}^c(n)$ 束 $\tilde{P}_X$ 上の接続 A で，A の P_X に誘導する接続がレビ・チビタ接続と一致するとき，A を **spin^c 接続**という．

補題 5.6. X を n 次元多様体とする．X が spin 構造を持つとき，spin 接続はただ 1 つ存在する．

また，X が spin^c 構造を持つとする．$\det\mathfrak{s}$ 上の $U(1)$ 接続 a を取ると，$\tilde{P}_X$ 上の spin^c 接続 A がただ 1 つ決まる（$\det\mathfrak{s}$ は n 次元の spin^c 構造に対して定義できる）．$\mathcal{A}$ を $\tilde{P}_X$ 上の spin^c 接続全体の空間とすると，$\mathcal{A}$ は $i\Omega^1(X)(=\Omega^1(X)\otimes i\mathbb{R})$ をモデルとするアフィン空間である．

5.2 サイバーグ–ウィッテン方程式

ここではサイバーグ–ウィッテン方程式と解のモジュライ空間の基本的性質について述べる．ここでは，証明はしない．証明に関しては，モーガンの本[57], [58]やニコラエスクの本[60]を参照すること．

X を向きの付いた滑らかな閉 4 次元多様体とする．X のリーマン計量 g と spin^c 構造 $\mathfrak{s}$ を取る．$\Gamma(S^\pm)$ をスピノール束 $S^\pm$ の滑らかな切断の空間とする．A を spin^c 接続とすると，**ディラック作用素**

$$\slashed{D}_A : \Gamma(S^+) \to \Gamma(S^-)$$

が合成

$$\Gamma(S^+) \xrightarrow{\nabla^A} \Gamma(T^*X \otimes S^+) \xrightarrow{\rho} \Gamma(S^-)$$

により定義される．∇^A は A による共変微分である．D_A は 1 階楕円型微分作用素である．ディラック作用素に関しては，橋本の本[2]の第 11 章やローソン–マイケルソンの本[42]を参照．また，$\Omega^+(X) = \Gamma(\Lambda^+ T^*X)$ とする．A が複素直線束 $\det\mathfrak{s}$ に誘導する接続を $A^{\det}$ と書くことにする．$A^{\det}$ の曲率 $F_{A^{\det}} \in i\Omega^2(X)$ に対して，その自己双対部分を $F_{A^{\det}}^+ \in i\Omega^+(X)$ と書く．

$$F_{A^{\det}}^+ = \frac{1}{2}(F_{A^{\det}} + *F_{A^{\det}}).$$

写像

$$q : \Gamma(S^+) \to i\Omega^+(X)$$

を

$$q(\phi) = i \otimes \phi i \bar{\phi}$$

で定義する. $\bar{\phi}$ は $\mathbb{H}$ における共役で定義される.

$\eta \in i\Omega^+(X)$ を取る. spin^c 接続 A と切断 $\phi \in \Gamma(S^+)$ に対する方程式

$$\begin{cases} F_{A^{\det}}^+ = q(\phi) + \eta, \\ \slashed{D}_A \phi = 0. \end{cases} \tag{5.5}$$

を, η で摂動された**サイバーグ–ウィッテン方程式**, または**モノポール方程式**という.

A_0 を固定した spin^c 接続とする. 他の spin^c 接続 A は $A = A_0 + a$ ($a \in i\Omega^1(X)$) と書ける. $\mathcal{A}$ を spin^c 接続全体の空間とすると, $\mathcal{A} = A_0 + i\Omega^1(X)$ となる (補題 5.6). $k > 0$, $a, b \in i\Omega^1(X)$ に対して,

$$\langle a, b \rangle_{L_k^2(X)} = \langle a, b \rangle_{L^2(X)} + \left\langle (\nabla^*\nabla)^{\frac{k}{2}} a, (\nabla^*\nabla)^{\frac{k}{2}} b \right\rangle_{L^2(X)},$$
$$\|a\|_{L_k^2(X)} = \sqrt{\langle a, a \rangle_{L_k^2(X)}}$$

と定義する. ∇ はレビ・チビタ接続による共変微分で, ∇^* はその共役である. $\nabla^*\nabla$ は非負の自己双対作用素であるから,

$$a = \sum_{\lambda \geqslant 0} c_\lambda e_\lambda$$

とかける. e_λ は固有値 λ の $\nabla^*\nabla$ の固有ベクトルで

$$\nabla^*\nabla a = \lambda a, \quad \|e_\lambda\|_{L^2(X)} = 1$$

を満たし, $c_\lambda \in \mathbb{R}$ である (ローソン–マイケルソンの本[42]の Chapter III, Theorem 5.8 を参照). そこで,

$$(\nabla^*\nabla)^{\frac{k}{2}} a = \sum_{\lambda \geqslant 0} c_\lambda \lambda^{\frac{k}{2}} e_\lambda$$

と定義する. $\mathcal{A}$ を $L_k^2(X)$ ノルムで完備化した空間を $\mathcal{A}_k$ と書く. $\mathcal{A}_k$ はヒルベルト空間 $L_k^2(T^*X)$ をモデルとするアフィン空間である (ソボレフ空間については, 橋本の本[2]の第 7 章, ローソン–マイケルソンの本[42]の Chapter III, Section 2 を参照).

$\phi, \psi \in \Gamma(S^+)$ に対して,

$$\langle \phi, \psi \rangle_{L_k^2(X)} = \langle \phi, \psi \rangle_{L^2(X)} + \left\langle (\slashed{D}_{A_0}^* \slashed{D}_{A_0})^{\frac{k}{2}} \phi, (\slashed{D}_{A_0}^* \slashed{D}_{A_0})^{\frac{k}{2}} \psi \right\rangle_{L^2(X)},$$
$$\|\phi\|_{L_k^2(X)} = \sqrt{\langle \phi, \phi \rangle_{L_k^2(X)}}$$

と定義する. $L_k^2(X)$ ノルムで $\Gamma(S^+)$ を完備化して得られるヒルベルト空間

を $L^2_k(S^+)$ と書く．また，X から S^1 への滑らかな写像の空間 $C^\infty(X, S^1)$ の $L^2_{k+1}(X)$ による完備化を $\mathcal{G}_{k+1}$ と書く．**ゲージ群**と呼ばれる無限次元リー群である．$\mathcal{G}_{k+1}$ は $\mathcal{A}_k \times L^2_k(S^+)$ へ次で作用している．

$$u(A, \phi) = (A - u^{-1}du, u\phi).$$

この作用はゲージ変換と呼ばれる作用である．**ゲージ変換**はサイバーグ–ウィッテン方程式の解を保ち，

$$\mathcal{M}_k = \mathcal{M}_k(X, g, \mathfrak{s}, \eta)$$
$$= \{(A, \phi) \in \mathcal{A}_k \times L^2_k(S^+) | (A, \phi) \text{ は } (5.5) \text{ の解 }\}/\mathcal{G}_{k+1}$$

とおく．$\mathcal{M}_k$ をサイバーグ–ウィッテンモジュライ空間という．

$(A, \phi) \in \mathcal{A}_k \times L^2_k(S^+)$ に対して，$\phi \neq 0$ のとき，(A, ϕ) を既約といい，$\phi = 0$ のとき，(A, ϕ) を可約という．$\mathcal{G}_{k+1}$ の作用の (A, ϕ) の固定部分群は

$$\mathrm{Stab}_{\mathcal{G}_{k+1}}(A, \phi) = \begin{cases} 1 & (A, \phi) \text{ は既約}, \\ S^1 & (A, \phi) \text{ は可約} \end{cases}$$

となる．S^1 は定数関数からなる $\mathcal{G}_{k+1}$ の部分群を表している．

$$\mathcal{B}_k = \mathcal{A}_k \times L^2_k(S^+)/\mathcal{G}_{k+1},$$
$$\mathcal{B}_k^{\mathrm{irr}} = \mathcal{A}_k \times (L^2_k(S^+)\backslash\{0\})/\mathcal{G}_{k+1}$$

とおく．$\mathcal{B}_k, \mathcal{B}_k^{\mathrm{irr}}$ を**配位空間**と呼ぶ．$\mathcal{A}_k \times (L^2_k(S^+)\backslash\{0\})$ への $\mathcal{G}_{k+1}$ の作用は自由になっており，$\mathcal{B}_k^{\mathrm{irr}}$ は無限次元の滑らかな多様体になる．

サイバーグ–ウィッテン方程式は非常によいコンパクト性を持った方程式である．

定理 5.7. $k \geqslant 4$ とする．(X, g) を向きの付いた閉 4 次元リーマン多様体とする．$\mathfrak{s}$ を X の spin^c 構造とする．モジュライ空間 $\mathcal{M}_k(X, g, \mathfrak{s}, \eta)$ はコンパクトである．

サード–スメールの定理から，"ほとんどすべての" η に対して，$\mathcal{M}_k$ は滑らかになる．

定理 5.8. $b^+(X) > 0$ とする．このとき，$L^2_{k-1}(\Lambda^+ T^*X)$ のある稠密な開集合 $\mathcal{P}_g$ が存在して，$\eta \in \mathcal{P}_g$ に対して，$\mathcal{M}_k(X, \mathfrak{s}, g, \eta) \subset \mathcal{B}_k^{\mathrm{irr}}$ であり，$\mathcal{M}_k(X, \mathfrak{s}, g, \eta)$ は次元

$$\frac{c_1(\mathfrak{s})^2 - \sigma(X)}{4} + b_1(X) - b^+(X) - 1$$

の滑らかな多様体である．また，$\mathcal{M}_k(X, \mathfrak{s}, g, \eta)$ は k に依存しない多様体である．

モジュライ空間 $\mathcal{M}_k(X, \mathfrak{s}, g, \eta)$ には自然に向きを入れることができる．

$H^+(X;\mathbb{R})$ を Q_X が正定値となるような $H^2(X;\mathbb{R})$ の部分空間のうち，次元が最大となるようなものとする（$H^+(X;\mathbb{R})$ の選び方は一意的でないが，そのような部分空間の集合は，$H^2(X;\mathbb{R})$ の部分空間からなるグラスマン多様体の中で可縮であり，今後の議論に影響しない）．

定理 5.9. $b^+(X) > 0$, $\eta \in \mathcal{P}_g$ とする．$H^1(X;\mathbb{R}) \oplus H^+(X;\mathbb{R})$ の向き $\mathcal{O}$ を選ぶと，多様体 $\mathcal{M}_k(X, \mathfrak{s}, g, \eta)$ に自然に向きが定まる．

$G = \{g(s)\}_{s \in [0,1]}$ を X の滑らかなリーマン計量の族であるとする．また，

$$\Lambda^{+,G}T^*X := \bigcup_{s \in [0,1]} \Lambda^{+,g(s)}T^*X$$

とおく．$\Lambda^{+,G}T^*X$ は自然に，$[0,1] \times X$ 上のベクトル束である．切断

$$\eta : [0,1] \times X \to \Lambda^{+,G}T^*X$$

に対して，

$$\mathcal{M}_k(X, \mathfrak{s}, G, \eta) := \coprod_{s \in [0,1]} \mathcal{M}_k(X, \mathfrak{s}, g(s), \eta|_{\{s\} \times X}) \times \{s\} \subset \mathcal{B}_k \times [0,1]$$

とおく．

$L^2_{k-\frac{1}{2}}(\Lambda^{+,G}T^*X)$ を滑らかな切断 $[0,1] \times X \to \Lambda^{+,G}T^*X$ の空間を $L^2_{k-\frac{1}{2}}([0,1] \times X)$ ノルムで完備化した空間とする．$\eta \in L^2_{k-\frac{1}{2}}(\Lambda^{+,G}T^*X)$ に対して，$\eta|_{\{s\} \times X} \in L^2_{k-1}(\Lambda^{+,g(s)}T^*X)$ となる．例えば，テイラーの本[73]の Chapter 4, Proposition 4.5 を見よ．

定理 5.10. $b^+(X) > 1$, $\eta_0 \in \mathcal{P}_{g_0}$, $\eta_1 \in \mathcal{P}_{g_1}$ とする．このとき，

$$\{\eta \in L^2_{k-\frac{1}{2}}(\Lambda^{+,G}T^*X) | \eta|_{0 \times X} = \eta_0, \eta|_{\{1\} \times X} = \eta_1\}$$

の稠密な開集合 $\mathcal{P}_G$ が存在して，$\eta \in \mathcal{P}_G$ に対して，

$$\mathcal{M}_k(X, \mathfrak{s}, G, \eta) \subset \mathcal{B}_k^{\mathrm{irr}} \times [0,1]$$

かつ，$\mathcal{M}_k(X, \mathfrak{s}, G, \eta)$ は次元が

$$\frac{c_1(\mathfrak{s})^2 - \sigma(X)}{4} + b_1(X) - b^+(X)$$

の滑らかなコンパクト多様体である．また，$H^1(X) \oplus H^+(X)$ の向き $\mathcal{O}$ を選ぶと，$\mathcal{M}_k(X, \mathfrak{s}, G, \eta)$ に向きが定まる．また，$\mathcal{M}_k(X, \mathfrak{s}, g, G, \eta)$ の境界は

$$-\mathcal{M}_k(X, \mathfrak{s}, g(0), \eta_0) \coprod \mathcal{M}_k(X, \mathfrak{s}, g(1), \eta_1)$$

である．

5.3 サイバーグ–ウィッテン不変量

4次元多様体の微分同相不変量であるサイバーグ–ウィッテン不変量について簡単に説明する．詳しくはモーガンの本[57], [58]やニコラエスクの本[60]を参照．以後，$k \geqslant 4$ とする．X を滑らかな向きの付いた閉4次元多様体で，X の spin^c 構造 $\mathfrak{s}$ とリーマン計量 g をとる．$x_0 \in X$ を固定し，

$$\tilde{\mathcal{G}}_{k+1} = \{u \in \mathcal{G}_{k+1} | u(x_0) = 1\}$$

とおく．$\mathcal{G}_{k+1}/\tilde{\mathcal{G}}_{k+1} = S^1$ となる．

$$\tilde{\mathcal{B}}_k^{\mathrm{irr}} = \mathcal{A}_k \times (L_k^2(\mathbb{S}^+)\backslash\{0\})/\tilde{\mathcal{G}}_{k+1}$$

は $\mathcal{B}_k^{\mathrm{irr}}$ 上の主 S^1 束である．付随する複素直線束を

$$\mathcal{U} \to \mathcal{B}_k^{\mathrm{irr}}$$

とする．

命題 5.11. 次の自然な同型がある．

$$H^*(\mathcal{B}_k^{\mathrm{irr}}; \mathbb{Z}) \cong \Lambda^*(H_1(X; \mathbb{Z})/\mathrm{Tor}) \oplus \mathbb{Z}[c_1(\mathcal{U})].$$

証明はニコラエスクの本[60] の 2.3 節を見よ．$\Lambda^*(H_1(X; \mathbb{Z})/\mathrm{Tor})$ に対応する $H^*(\mathcal{B}_k^{\mathrm{irr}}; \mathbb{Z})$ の部分群は次のように得られる．$c_1, \cdots, c_{b_1}$ を $x_0 \in X$ を起点とする X 内の閉曲線で，$H_1(X; \mathbb{Z})/\mathrm{Tor}$ の基底を代表するものとする．ただし，$b_1 = b_1(X)$. ここで，連続写像

$$\mathrm{Hol} : \mathcal{B}_k^{\mathrm{irr}} \to T^{b_1}$$

を

$$\mathrm{Hol}([A, \phi]) = (\mathrm{Hol}_{c_1}(A), \ldots, \mathrm{Hol}_{c_{b_1}}(A))$$

により定義する．ここで，$\mathrm{Hol}_{c_i}(A)$ は A の c_i に関するホロノミーである（S^1 は可換群なので，$\mathrm{Hol}_{c_i}(A)$ はゲージ同値類 $[A]$ の代表元 A の選び方に依存しない）．$H^*(T^{b_1}; \mathbb{Z})(\cong \Lambda^*(H_1(X; \mathbb{Z})/\mathrm{Tor}))$ の元を Hol で引き戻すことにより，$\Lambda^*(H_1(X; \mathbb{Z})/\mathrm{Tor})$ に対応する $H^*(\mathcal{B}_k^{\mathrm{irr}}; \mathbb{Z})$ の部分群を得る．

定義 5.12. $b^+(X) > 1$ とする．X 上の spin^c 構造の同型類の集合を $\mathrm{Spin}^c(X)$ と表す．また，$H^1(X) \oplus H^+(X)$ の向き $\mathcal{O}$ を取る．このとき，**サイバーグ–ウィッテン不変量**

$$SW_{X,\mathcal{O}} : \mathrm{Spin}^c(X) \times \Lambda^*(H_1(X; \mathbb{Z})/\mathrm{Tor}) \to \mathbb{Z}$$

を

$$SW_{X,\mathcal{O}}(\mathfrak{s}, [l_1] \wedge \cdots \wedge [l_r])$$
$$= \int_{\mathcal{M}_k(X,\mathfrak{s},g,\eta)} (1 - c_1(\mathcal{U}))^{-1} \cup \mathrm{Hol}_{l_1}^* \omega_{S^1} \cup \cdots \cup \mathrm{Hol}_{l_r}^* \omega_{S^1}$$

で定義する. ここで

$$(1 - c_1(\mathcal{U}))^{-1} = 1 + c_1(\mathcal{U}) + c_1(\mathcal{U})^2 + \cdots \in H^*(\mathcal{B}_k^{\mathrm{irr}}; \mathbb{Z})$$

であり, $l_1, \ldots, l_r$ は X 内の x_0 を起点とする閉曲線. $\omega_{S^1} \in H^1(S^1; \mathbb{Z})$ は生成元である.

定理 5.13. サイバーグ−ウィッテン不変量 $SW_{X,\mathcal{O}}$ は, リーマン計量 g やサイバーグ−ウィッテン方程式の摂動 η に依存しない. また, X の微分同相不変量である. つまり, $f: X' \to X$ が向きを保つ微分同相ならば,

$$SW_{X',f*\mathcal{O}}(f^*\mathfrak{s}, (f^{-1})_*[l_1] \wedge \cdots \wedge (f^{-1})_*[l_r])$$
$$= SW_{X,\mathcal{O}}(\mathfrak{s}, [l_1] \wedge \cdots \wedge [l_r]). \tag{5.6}$$

証明. g_0, g_1 を 2 つのリーマン計量と, $\eta_0 \in \mathcal{P}_{g_0}, \eta_1 \in \mathcal{P}_1$ を取る. $s \in [0,1]$ に対して, $g(s) = (1-s)g_0 + sg_1$ とする. $G = \{g(s)\}_{s \in [0,1]}$ とおく. 定理 5.10 より, ある $\eta \in L^2_{k-\frac{1}{2}}(\Lambda^{+,G}T^*X)$ があって, $\eta|_{\{0\} \times X} = \eta_0, \eta|_{\{1\} \times X} = \eta_1$ となり, モジュライ空間 $\mathcal{M}_k(X, \mathfrak{s}, G, \eta)$ は滑らかな多様体で,

$$\partial \mathcal{M}_k(X, \mathfrak{s}, G, \eta) = -\mathcal{M}_k(X, \mathfrak{s}, g_0, \eta_0) \coprod \mathcal{M}_k(X, \mathfrak{s}, g_1, \eta_1)$$

である. また, $\mathcal{M}_k(X, \mathfrak{s}, G, \eta) \subset \mathcal{B}_k^{\mathrm{irr}} \times [0,1]$ なので, $c_1(\mathcal{U})$ は自然に $\mathcal{M}_k(X, \mathfrak{s}, G, \eta)$ へ拡張する. また, ホロノミー写像 Hol_{l_i} も自然に $\mathcal{M}_k(X, \mathfrak{s}, G, \eta)$ に拡張する. ゆえにストークスの定理から

$$\int_{\mathcal{M}_k(X,\mathfrak{s},g_1,\eta_1)} (1 - c_1(\mathcal{U}))^{-1} \cup \mathrm{Hol}_{l_1}^* \omega_{S^1} \cup \cdots \cup \mathrm{Hol}_{l_r}^* \omega_{S^1}$$
$$- \int_{\mathcal{M}_k(X,\mathfrak{s},g_0,\eta_0)} (1 - c_1(\mathcal{U}))^{-1} \cup \mathrm{Hol}_{c_1}^* \omega_{S^1} \cup \cdots \cup \mathrm{Hol}_{l_r}^* \omega_{S^1}$$
$$= \int_{\mathcal{M}_k(X,G,\mathfrak{s})} d\{(1 - c_1(\mathcal{U}))^{-1} \cup \mathrm{Hol}_{l_1}^* \omega_{S^1} \cup \cdots \cup \mathrm{Hol}_{l_r}^* \omega_{S^1}\}$$
$$= 0.$$

よって, $SW_{X,\mathcal{O}}$ はリーマン計量 g と摂動 η に依存しない.

$f: X' \to X$ が向きを保つ微分同相ならば, 引き戻しにより微分同相

$$\mathcal{M}_k(X', f^*\mathfrak{s}, f^*g) \cong \mathcal{M}_k(X, \mathfrak{s}, g)$$

が誘導されることから, (5.6) が成り立つ. $\qquad\square$

サイバーグ−ウィッテン不変量の計算としていくつか挙げる.

定理 5.14. $b^+(X) > 1$ とする．g が X の正のスカラー曲率をもつリーマン計量ならば，任意の spin^c 構造 $\mathfrak{s}$ と $\eta \in L^2_k(\Lambda^+ T^* X)$, $\|\eta\|_{L^2_k(X)} \ll 1$ に対して，$\mathcal{M}_k(X, \mathfrak{s}, g, \eta) = \emptyset$ である．特に，$SW_{X,\mathcal{O}} = 0$ である．

4 次元多様体 X_1, X_2 に対して，$X_1 \# X_2$ を連結和とする．つまり，X_1, X_2 から十分小さい開円盤を取り除き，境界 S^3 に沿って貼り合わせて得られる多様体である．

$$X_1 \# X_2 = (X_1 - D_1) \cup_{S^3} (X_2 - D_2).$$

連結和に対する次の消滅定理が成り立つ．

定理 5.15. $X = X_1 \# X_2$, $b^+(X_1) > 0$, $b^+(X_2) > 0$ とする．このとき，$SW_{X,\mathcal{O}} = 0$ である．

タウベスは次の非消滅定理を示した．

定理 5.16 (タウベス[75]). X を閉シンプレクティック 4 次元多様体で $b^+(X) > 1$ とする．$\mathfrak{s}$ をシンプレクティック構造と整合的な概複素構造から決まる spin^c 構造とする．このとき，$SW_{X,\mathcal{O}}(\mathfrak{s}) = \pm 1$.

これらの計算から次を得る．

系 5.17. X を閉シンプレクティック 4 次元多様体で，$b^+(X) > 1$ とする．このとき，X は正のスカラー曲率を持つことはない．また，$X = X_1 \# X_2$, $b^+(X_1) > 0, b^+(X_2) > 0$ のような連結和に分解できない．

例 5.18. K3 曲面の一点ブローアップ $X = K3 \# \overline{\mathbb{CP}}^2$ を考える．X は単連結なシンプレクティック多様体である．定理 5.16 から

$$SW_{X,\mathcal{O}} \neq 0$$

である．$\mathfrak{s}$ はシンプレクティック構造と整合的な spin^c 構造である．X の交叉形式は odd で，$b^+(X) = 3$, $b^-(X) = 20$ だから定理 4.5 より

$$Q_{K3 \# \overline{\mathbb{CP}}^2} \cong \mathrm{diag}(1, 1, 1) \oplus \mathrm{diag}(\overbrace{-1, \ldots, -1}^{20})$$

である．系 4.2 より，X と $\#^3 \mathbb{CP}^2 \# \#^{20} \overline{\mathbb{CP}}^2$ と同相である．一方，定理 5.15 より，$SW_{\#^3 \mathbb{CP}^2 \# \#^{20} \overline{\mathbb{CP}}^2}$ は恒等的に 0 である．したがって，X と $\#^3 \mathbb{CP}^2 \# \#^{20} \overline{\mathbb{CP}}^2$ は微分同相になり得ない．

このようにサイバーグ–ウィッテン不変量は 4 次元多様体の微分構造を判別する．

5.4 バウアー–古田不変量

サイバーグ–ウィッテン不変量の安定ホモトピー論による精密化がバウアー–古田[13] により定義されている．その不変量を**安定ホモトピーサイバーグ–ウィッテン不変量**，または**バウアー–古田不変量**と呼ぶ．サイバーグ–ウィッテン方程式を無限次元ベクトル空間の間の写像

$$(\mathbb{R}^\infty \oplus \mathbb{C}^\infty)^+ \to (\mathbb{R}^\infty \oplus \mathbb{C}^\infty)^+$$

とみなし，有限次元近似した写像

$$(\mathbb{R}^m \oplus \mathbb{C}^{n+a})^+ \to (\mathbb{R}^{m+b^+(X)} \oplus \mathbb{C}^n)^+$$

を考える．ただし，$m, n \gg 0$ で，$a \in \mathbb{Z}$ はディラック作用素の指数 $\frac{c_1(\mathfrak{s})^2 - \sigma(X)}{8}$ である．また，$(\mathbb{R}^m)^+$, $(\mathbb{C}^n)^+$ は，$\mathbb{R}^m$, $\mathbb{C}^m$ の一点コンパクト化である．m, n を大きくしていったときの，上の写像の安定ホモトピー類がバウアー–ウィッテン不変量である．サイバーグ–ウィッテン方程式の有限次元による安定ホモトピー類の構成は，第 1.3 節で解説した微分方程式の有限次元近似の構成とほぼパラレルになっている．

サイバーグ–ウィッテン不変量は，バウアー–ウィッテン不変量の適当な意味での写像度として再現される．バウアー–古田不変量は真にサイバーグ–ウィッテン不変量よりも強力な不変量になっている．5.6 節を見よ．

バウアー–古田不変量の構成を述べる．X を連結で滑らかな閉 4 次元多様体とする．X のリーマン計量 g と spin^c 構造 $\mathfrak{s}$ を取る．以後，記号をやや簡略化するため，$b_1(X) = 0$ と仮定して議論する．今の場合，$H^1(X; \mathbb{Z}) = 0$ となる（普遍係数定理から $H^1(X; \mathbb{Z})$ はトージョンを持たない）．

$k \geq 4$ とする．$S^1 = K(\mathbb{Z}, 1)$ であるから，

$$\pi_0(\mathcal{G}_{k+1}) \cong [X, S^1] \cong H^1(X; \mathbb{Z}) = 0$$

である．このことから，

$$\mathcal{G}_{k+1} = \{e^{if} | f : X \to \mathbb{R}, f \in L^2_{k+1}(X)\}$$

と書けることがわかる．$x_0 \in X$ を固定する．

$$\tilde{\mathcal{G}}_{k+1} = \{u \in \mathcal{G}_{k+1} | u(x_0) = 1\}$$

とおく．$\tilde{\mathcal{G}}_{k+1}$ は $\mathcal{G}_{k+1}$ の部分群で，完全列

$$1 \to \tilde{\mathcal{G}}_{k+1} \to \mathcal{G}_{k+1} \to S^1 \to 1$$

がある．$\mathcal{G}_{k+1} \to S^1$ は $u \in \mathcal{G}_{k+1}$ に対して，$u(x_0) \in S^1$ を対応させる写像である．spin^c 接続 A_0 を固定し，spin^c 接続全体の空間 $\mathcal{A}$ を 1 形式の空間 $i\Omega^1(X)$

と同一視する. $\tilde{\mathcal{G}}_{k+1}$ の $L_k^2(T^*X \oplus S^+)$ への作用は

$$u(a, \phi) = (a - u^{-1}du, u\phi) = (a - idf, u\phi)$$

で定義されていた. ただし, $u = e^{if} \in \tilde{\mathcal{G}}_{k+1}$, $(a, \phi) \in L_k^2(iT^*X \oplus S^+)$. この作用は自由である. 分解

$$\Omega^1(X) = \ker(d^* : \Omega^1(X) \to \Omega^0(X)) \oplus \mathrm{im}(d : \Omega^0(X) \to \Omega^1(X))$$

より

$$
\begin{aligned}
&L_k^2(iT^*X \oplus S^+)/\tilde{\mathcal{G}}_{k+1} \\
&\cong \ker(d^* : L_k^2(iT^*X) \to L_{k-1}^2(i\Lambda^0 T^*X)) \oplus L_k^2(S^+)
\end{aligned}
$$

である.

$$\mathcal{E} = \mathcal{E}_k(\mathfrak{s}) := \ker(d^* : L_k^2(iT^*X) \to L_{k-1}^2(i\Lambda^0 T^*X)) \oplus L_k^2(S^+) \quad (5.7)$$

とおく. ゲージ変換して, $a \in \ker d^*$ とすることを, クーロンゲージを取るという.

$$\mathcal{F} = \mathcal{F}_{k-1}(\mathfrak{s}) = L_{k-1}^2(i\Lambda^+ T^*X \oplus S^-)$$

とおく. $\mathcal{E}, \mathcal{F}$ に $S^1 (= \{z \in \mathbb{C} \mid |z| = 1\})$ の作用が $S^\pm$ へのスカラー積により定義される.

次の写像を**サイバーグ–ウィッテン写像**という.

$$
\begin{aligned}
&SW : \mathcal{E}_k \to \mathcal{F}_{k-1} \\
&SW(a, \phi) = (F_{(A_0+a)^{\det}}^+ - q(\phi), \slashed{D}_{A_0+a}\phi)
\end{aligned}
\quad (5.8)
$$

$(A_0 + a)^{\det}$ は $A_0 + a$ が誘導する $\det \mathfrak{s}$ 上の接続である. SW は S^1 同変作用であるから, $SW^{-1}(0)$ は S^1 作用で保たれ,

$$SW^{-1}(0)/S^1 = \mathcal{M}_k(X, g, \mathfrak{s})$$

となる. モジュライ空間のコンパクト性 (定理 5.7) から, ある $R_0 > 0$ が存在して

$$SW^{-1}(0) \subset B(\mathcal{E}, R_0) \quad (5.9)$$

となる. ただし, $B(\mathcal{E}, R_0) = \{x \in \mathcal{E} \mid \|x\|_{L_k^2(X)} \leqslant R_0\}$ である. サイバーグ–ウィッテン写像 SW を 1.3 節と同様の方法で, 有限次元近似する. SW は線形な項 L と非線形な項 C の和に分解できる.

$$
\begin{aligned}
&SW = D + C, \\
&D(a, \phi) = (2d^+a, \slashed{D}_{A_0}\phi), \\
&C(a, \phi) = (F_{A_0^{\det}}^+ - q(\phi), \rho(a)\phi).
\end{aligned}
$$

命題 5.19. 次が成り立つ.

(1) 写像 $L : \mathcal{E}_k \to \mathcal{F}_{k-1}$ はフレドホルム写像である. つまり, $\ker L, \operatorname{coker} L$ は有限次元で, 像 $\operatorname{im} L$ は $\mathcal{F}$ の閉部分空間. また, L の成分 $d^+, D\!\!\!/_{A_0}$ の指数はそれぞれ次で与えられる.

$$\operatorname{ind}(d^+|_{\ker d*}) = \dim_{\mathbb{R}} \ker(d^+|_{\ker d*}) - \dim_{\mathbb{R}} \operatorname{coker}(d^+|_{\ker d*}) = -b^+(X),$$

$$\operatorname{ind} D\!\!\!/_{A_0} = \dim_{\mathbb{C}} \ker D\!\!\!/_{A_0} - \dim_{\mathbb{C}} \operatorname{coker} D\!\!\!/_{A_0} = \frac{c_1(\mathfrak{s})^2 - \sigma(X)}{8}.$$

(2) 写像 $C : \mathcal{E}_k \to \mathcal{F}_{k-1}$ はコンパクト写像である.

証明. $d^+ + d^*, D\!\!\!/_{A_0}$ は 1 階の楕円型微分作用素であることから, 微分作用素の一般論により, L はフレドホルム作用素になる (ローソン–マイケルソンの本[42]の Chapter III, Theorem 5.2 参照).

ホッジ理論により,

$$\ker(d^+|_{\ker d*}) = \mathcal{H}^1(X) = 0, \ \operatorname{coker}(d^+|_{\ker d*}) = \mathcal{H}^+(X)$$

であるから, $\operatorname{ind}(d^+|_{\ker d*}) = -b^+(X)$ となる. ただし, $\mathcal{H}^1(X), \mathcal{H}^+(X)$ は X 上の調和 1 形式と自己双対調和 2 形式の空間である.

$D\!\!\!/_{A_0}$ の指数の公式は, アティヤ–シンガーの指数定理から得られる.
積

$$
\begin{array}{ccc}
L_k^2(X) \otimes L_k^2(X) & \to & L_{k-1}^2(X) \\
f \otimes g & \mapsto & fg
\end{array}
$$

はコンパクト写像である. これは, シュワルツの不等式より, $L_k^2(X) \otimes L_k^2(X) \to L_k^2(X)$ が連続であること, レリッヒの補題より, $L_k^2(X) \to L_{k-1}^2(X)$ がコンパクト作用素であることから従う (レリッヒの補題は橋本の本[2]の定理 7.3.32, ローソン–マイケルソンの本[42]の Chapter III Theorem 2.6 を参照). $q(\phi)$, $\rho(a)\phi$ は積で定義されているので, C はコンパクト写像になる. $\qquad\square$

補題 5.20. 定数 $c > 0$ が存在し, $x \in \mathcal{E}$ に対して次の不等式が成り立つ.

$$\|x\|_{L_k^2(X)} \leqslant c(\|x\|_{L^2(X)} + \|Dx\|_{L_{k-1}^2(X)}).$$

証明. $(d^* + d^+, D\!\!\!/_{A_0})$ は 1 階の楕円型微分作用素であることから, 楕円型微分作用素に関する不等式 (ローソン–マイケルソンの本[42]の Theorem 5.2, 橋本の本[2]の定理 8.3.1) により,

$$\|x\|_{L_k^2(X)} \leqslant c(\|x\|_{L^2(X)} + \|(d^* + d^+, D\!\!\!/_{A_0})x\|_{L_{k-1}^2(X)})$$

$$\leqslant c(\|x\|_{L^2(X)} + \|Dx\|_{L_{k-1}^2(X)}).$$

ここで, $d^*x = 0$ であることを用いた. $\qquad\square$

$\mathcal{F}_{k-1}$ の有限次元部分空間 $F = F_{\mathbb{R}} \oplus F_{\mathbb{C}}$ をとる. $F_{\mathbb{R}}$ は $L^2_{k-1}(i\Lambda^+ T^*X)$ の部分空間で実ベクトル空間, $F_{\mathbb{C}}$ は $L^2_{k-1}(S^-)$ の部分空間で複素ベクトル空間である. F は $\operatorname{im} D$ と横断的なものを取る.

$$F + \operatorname{im} D = \mathcal{F}_{k-1}.$$

ここで,

$$E = D^{-1}(F)$$

とおくと, 実ベクトル空間と複素ベクトル空間の直和となる.

$$E = E_{\mathbb{R}} \oplus E_{\mathbb{C}}.$$

補題 5.21. 次の等式が成り立つ.

$$\dim_{\mathbb{R}} E_{\mathbb{R}} - \dim_{\mathbb{R}} F_{\mathbb{R}} = \operatorname{ind}(d^+|_{\ker d*}) = -b^+(X),$$
$$\dim_{\mathbb{C}} E_{\mathbb{C}} - \dim_{\mathbb{C}} F_{\mathbb{C}} = \operatorname{ind} D\!\!\!/_{A_0} = \frac{c_1^2(\mathfrak{s}) - \sigma(X)}{8}.$$

証明. $F + \operatorname{im} D = \mathcal{F}_{k-1}$ より,

$$\operatorname{coker} D = \mathcal{F}_{k-1}/\operatorname{im} D = F/\operatorname{im} D \cap F = F/\operatorname{im}(D|_E) = \operatorname{coker}(D|_E : E \to F).$$

また, $\ker D \subset E$ であるから, $\ker D = \ker(L|_E)$ である.

$$E = \ker(D|_E) \oplus E'$$

となる E' の部分空間 $E' = E'_{\mathbb{R}} \oplus E'_{\mathbb{C}}$ をとる. $D|_{E'} : E' \to \operatorname{im}(D|_E)$ は同型であり, $\operatorname{im}(D|_E) \subset F$ であるから, E は有限次元である. また,

$$\begin{aligned}
\dim E_{\mathbb{R}} - \dim F_{\mathbb{R}} &= \dim_{\mathbb{R}} \ker(d^+|_{E'}) - \dim \operatorname{coker}(d^+|_{E_{\mathbb{R}}} : E_{\mathbb{R}} \to F_{\mathbb{R}}) \\
&= \dim_{\mathbb{R}} \ker(d^+|_{\ker d*}) - \dim \operatorname{coker}(d^+|_{\ker d*}) \\
&= -b^+(X)
\end{aligned}$$

となる. 同様に

$$\dim E_{\mathbb{C}} - \dim F_{\mathbb{C}} = \operatorname{ind} D\!\!\!/_{A_0} = \frac{c_1^2(\mathfrak{s}) - \sigma(X)}{8}.$$

$\square$

$p_F : \mathcal{F}_{k-1} \to F$ を $L^2_{k-1}(X)$ 内積に関する射影とする. ここでサイバーグ–ウィッテン写像の有限次元近似を考える.

$$f_F := D + p_F C : E \to F.$$

写像 f_F は (1.2) と同様に定義されている. この写像が E, F の一点コンパクト化へ拡張することを示す. そのために次を示す.

命題 5.22. $R > R_0$ とする．ただし，$R_0 > 0$ は (5.9) を満たす正の実数である．このとき，十分大きい有限次元部分空間 F と十分小さい正の実数 ϵ に対して，次が成り立つ．

$$x \in S(E, R) \Rightarrow \|f_F(x)\|_{L^2_{k-1}(X)} \geqslant \epsilon.$$

ただし，$S(E, R) = \{x \in E \mid \|x\|_{L^2_k(X)} = R\}$．

証明. もし主張が正しくなければ，列 $\epsilon_n \to 0$, $F_n \subset \mathcal{F}$, $p_{F_n} \to id_{\mathcal{F}_{k-1}}$, $x_n \in E_n = D^{-1}(F_n)$, $\|x_n\|_{L^2_k(X)} = R$ が存在して，

$$\|f_{F_n}(x_n)\|_{L^2_{k-1}(X)} = \|D(x_n) + p_{F_n} C(x_n)\|_{L^2_{k-1}(X)} < \epsilon_n.$$

レリッヒの補題より，$L^2_k(X) \hookrightarrow L^2_{k-1}(X)$ はコンパクト写像であるから，適当に部分列を取ると，$L^2_{k-1}(X)$ ノルムに関して，x_n は $x \in \mathcal{E}_{k-1}$ に収束する．また，$C : L^2_k(X) \to L^2_{k-1}(X)$ もコンパクト写像（命題 5.19）であるから，適当に部分列を取ると，$C(x_n)$ は $C(x)$ に $L^2_{k-1}(X)$ で収束する．

$$f_{F_n}(x_n) = D(x_n) + p_{F_n} C(x_n)$$

において，$n \to \infty$ とすると

$$D(x) + C(x) = 0$$

となる．つまり，x はサイバーグ–ウィッテン方程式の解である．補題 5.20 より，

$$\|x_n - x\|_{L^2_k(X)}$$
$$\leqslant \mathrm{const}(\|x_n - x\|_{L^2(X)} + \|D(x_n - x)\|_{L^2_{k-1}(X)})$$
$$\leqslant \mathrm{const}(\|x_n - x\|_{L^2(X)} + \|p_{F_n} C(x_n) - C(x)\|_{L^2_{k-1}(X)} + \epsilon_n)$$

ここで，const は正の定数である．よって，x_n は，部分列を取ると，$L^2_k(X)$ ノルムに関して x に収束する．$\|x_n\|_{L^2_k(X)} = R$ より，$\|x\|_{L^2_k(X)} = R$ を得る．これは (5.9) に矛盾する．$\square$

$R > R_0$ とする．$\mathcal{F}$ の十分大きい有限次元部分空間 F と十分小さい正の数 ϵ をとる．$E = D^{-1}(F) \subset \mathcal{E}_k$ とおく．命題 5.22 により，次の写像が well-defined になる．

$$f_F^+ : B(E, R)/S(E, R) \to B(F, \epsilon)/S(F, \epsilon),$$
$$f_F^+(x) = \begin{cases} f_F(x) & \|f_F(x)\|_{k-1} < \epsilon \text{ のとき,} \\ * & \text{その他のとき.} \end{cases}$$

ここで，$*$ は $B(F, \epsilon)/S(F, \epsilon)$ の基点 $[S(F, \epsilon)]$ を表す．$B(E, R)/S(E, R)$, $B(F, \epsilon)/S(F, \epsilon)$ は，それぞれ E, F を一点コンパクト化した球面 E^+, F^+

と自然に同一視されるので，f_F^+ は E^+ から F^+ への写像と考えることができる．また，f_F^+ は S^1 同変写像である．

F, F' が $\mathcal{F}_{k-1}$ の部分空間で，$F \subset F'$ のとき，F の F' における $L_{k-1}^2(X)$ 内積に関する直交補空間を $F' - F$ と表すことにする．また，$E = D^{-1}(F)$，$E' = D^{-1}(F')$ とし，E の E' における $L_k^2(X)$ 内積に関する直交補空間を $E' - E$ と表す．このとき，

$$(E') = E^+ \wedge (E' - E)^+, \quad (F')^+ = F^+ \wedge (F' - F)^+$$

となる．F が $\operatorname{Im} D$ と $\mathcal{F}_{k-1}$ の中で横断的であるとき，D は同型

$$D|_{E'-E} : E' - E \xrightarrow{\cong} F' - F$$

を定める．特に，一点コンパクト化に同相にのびる．それを

$$(D|_{E'-E})^+ : (E' - E)^+ \to (F' - F)^*$$

で表す．

命題 5.23. $\mathcal{F}_{k-1}$ の有限次元部分空間 F, F' はともに十分大きく，$F \subset F'$ であるとき，$f_{F'}^+$ は $f_F^+ \wedge (D|_{E'-E})^+$ に S^1 同変ホモトピックである．

証明. $s \in [0, 1]$ に対して，S^1 同変写像

$$f_{F',s} : E' \to F'$$

を

$$f_{F',s}(x) = D(x) + \{(1-s)p_{F'} + sp_F\}C(x)$$

で定義する．前と同様の議論で，F, F' が十分大きいときに，$f_{F',s}$ が

$$f_{F',s}^+ : (E')^+ = E^+ \wedge (E' - E)^+ \to (F')^+ = F^+ \wedge (F' - F)^+$$

を誘導することが示せる．$f_{F',0}^+ = f_{F'}^+$，$f_{F',1}^+ = f_F^+ \wedge (D|_{F'-F})^+$ である．　□

$[E^+, F^+]_{S^1}$ を基点を保つ S^1 同変写像 $g : E^+ \to F^+$ の S^1 同変ホモトピー類の集合する（E^+, F^+ の基点は一点コンパクト化するときに付け加える無限遠点とする）．$F \subset F'$ のときに，次の自然な写像がある．

$$
\begin{array}{ccc}
[E^+, F^+]_{S^1} & \to & [(E')^+, (F')^+]_{S^1} \\
g & \mapsto & g \wedge (D|_{E'-E})^+
\end{array}
$$

この写像により，集合族 $\{[E^+, F^+]_{S^1}\}_{F \subset \mathcal{F}}$ は帰納系をなす．命題 5.23 より，サイバーグ–ウィッテン写像の有限次元近似 f_F^+ は帰納極限 $\varinjlim_F [E^+, F^+]_{S^1}$ の元を定める．

定義 5.24. サイバーグ–ウィッテン写像の有限次元近似 f_F^+ が定める元

$$\Psi_X(\mathfrak{s}) = \varinjlim_F [f_F^+] \in \varinjlim_{F \subset \mathcal{F}} [E^+, F^+]_{S^1}$$

を安定ホモトピーサイバーグ–ウィッテン不変量，またはバウアー–古田不変量という．

X の 2 つのリーマン計量 g_0, g_1 を取る．g_0 から g_1 へのリーマン計量の道 $g(s) = (1-s)g_0 + sg_1$ $(s \in [0,1])$ が g_0 を用いて定義される f_F^+ と g_1 を用いて定義される f_F^+ のホモトピーを誘導する．よって次を得る．

命題 5.25. バウアー–古田不変量 $\Psi_X(\mathfrak{s})$ はリーマン計量に依存しない，4 次元多様体の微分同相不変量である．

$b^+(X) > 1$ の場合，$\Psi_X(\mathfrak{s})$ を少し精密化することができる．$b^+(X) > 0$ のとき，サイバーグ–ウィッテン方程式を η で摂動すれば，モジュライ空間 $\mathcal{M}_k(X, \mathfrak{s}, g, \eta)$ に**可約解**が存在しないようにできる．また，$b^+(X) > 1$ ならば，リーマン計量の族 $G = \{g(s)\}_{s \in [0,1]}$ に対する**モジュライ空間** $\mathcal{M}_k(X, \mathfrak{s}, G, \eta)$ には可約解が存在しないようにできる（定理 5.8，定理 5.10）．

$\eta \in i\Omega^+(X)$ で摂動されたサイバーグ–ウィッテン写像を考える．

$$SW^\eta : \mathcal{E} \to \mathcal{F},$$
$$SW^\eta(a, \phi) = (F^+_{(A_0+a)^{\mathrm{det}}} - q(\phi) - \eta, \slashed{D}_{A_0+a}\phi).$$

このとき，$(SW^\eta)^{-1}(0)/S^1 = \mathcal{M}_k(X, \mathfrak{s}, g, \eta)$ である．前と同様にして，摂動されたサイバーグ–ウィッテン写像 SW^η の有限次元近似

$$(f_F^\eta)^+ : E^+ = (E_{\mathbb{R}} \oplus E_{\mathbb{C}})^+ \to F^+ = (F_{\mathbb{R}} \oplus F_{\mathbb{C}})^+$$

を定義できる．

命題 5.26. $b^+(X) > 0$ と仮定する．$\eta \in \mathcal{P}_g$ とする．$\mathcal{P}_g$ は定理 5.8 のものである．このとき，F が十分大きく，正の数 ϵ が十分小さいとき，次が成り立つ．

$$x \in E_{\mathbb{R}}, \|x\|_{L_k^2(X)} \leqslant R \Rightarrow \|f_F^\eta(x)\|_{L_{k-1}^2(X)} \geqslant \epsilon.$$

証明. もし主張が成り立たないとすると，列 $F_n \subset \mathcal{F}$, $p_{F_n} \to id_{\mathcal{F}_{k-1}}$, $\epsilon_n \to 0$, $x_n \in E_{n,\mathbb{R}}, \|x_n\|_{L_k^2(X)} \leqslant R$ があって，

$$\|f_{F_n}^\eta(x_n)\|_{L_{k-1}^2(X)} < \epsilon_n.$$

命題 5.22 の証明と同様にして，適当に部分列を取ると，x_n は $L_k^2(X)$ ノルムに関して $x = (a, \phi) \in (SW^\eta)^{-1}(0)$ に収束する．すべての n に対して，$x_n \in E_{n,\mathbb{R}}$ であるから，$\phi = 0$．となる．これは，η で摂動されたサイバーグ–ウィッテン方程式が可約解を持たないことに反する．よって主張を得る．　□

命題 5.26 により，十分大きい F と十分小さい $\epsilon > 0$ をとると，η で摂動されたサイバーグ–ウィッテン方程式の有限次元近似は次の写像を誘導する．

$$(f_F^\eta)^+ : (E^+, (E_\mathbb{R})^+) \to (F^+, *).$$

命題 5.27. $b^+(X) > 1$ のとき，$(f_F^\eta)^+ : (E^+, (E_\mathbb{R})^+) \to (F^+, *)$ の S^1 同変ホモトピー類は (g, η) の選び方に依存しない．

証明. g_0, g_1 を X のリーマン計量，$\eta_0 \in \mathcal{P}_{g_0}, g_1 \in \mathcal{P}_{g_1}$ とする．また，$g(s) = (1-s)g_0 + sg_1$, $G = \{g(s)\}_{s\in[0,1]}$ とする．このとき，定理 5.10 より，ある $\eta \in \mathcal{P}_G$ があって，$\mathcal{M}(X, \mathfrak{s}, G, \eta)$ が可約解を含まないようにできる．族のサイバーグ–ウィッテン写像

$$SW_{g(s)}^{\eta(s)} : \mathcal{E}_{k, g(s)} \to \mathcal{F}_{k-1, g(s)}$$

を考える．この写像の有限次元近似を考えることで，

$$(f_F^{\eta_0})^+ : (E^+, (E_\mathbb{R})^+) \to (F^+, *)$$

から

$$f_F^{\eta_1} : (E^+, (E_\mathbb{R})^+) \to (F^+, *)$$

への S^1-ホモトピーを得る． $\square$

命題 5.28. $b^+(X) > 1$ のとき，

$$\Psi_X(\mathfrak{s}) = \varinjlim_{F\subset\mathcal{F}_{k-1}} [(f_F^\eta)^+] \in \varinjlim_{F\subset\mathcal{F}_{k-1}} [(E^+, E_\mathbb{R}^+), (F^+, *)]_{S^1}$$

は g, η に依存しない X の微分同相不変量である．

注意 5.29. (1) $\Psi_X(\mathfrak{s})$ を定義する安定ホモトピー類の集合

$$\varinjlim_{F\subset\mathcal{F}_{k-1}} [(E^+, E_\mathbb{R}^+), (F^+, *)]_{S^1}$$

では，$\mathcal{F}_{k-1}$ の部分空間を大きくする帰納極限を取る．$\mathcal{F}_{k-1}$ 自体が X のリーマン計量に依存していることに注意する．よって，$\Psi(\mathfrak{s})$ が定義される安定ホモトピー類の集合がリーマン計量に依存している．リーマン計量 g_0, g_1 を取ると，$\Psi_X(\mathfrak{s}, g_0)$ と $\Psi_X(\mathfrak{s}, g_1)$ が等しいと主張するときには，厳密には安定ホモトピー類集合の間に同一視があり，その同一視を通して $\Psi_X(\mathfrak{s}, g_0)$ と $\Psi_X(\mathfrak{s}, g_1)$ が等しいということである．この点については，ここでは詳細には立ち入らないが，これは安定ホモトピー類の集合を定義するときの "change of universe" の問題である．これについては，ルイス–メイ–シュタインバーガーの本[44]の Chapter II, §1 を参照せよ．特に Theorem 1.7 をみよ．

(2) $\Psi_X(\mathfrak{s})$ を $\varinjlim_{F \subset \mathcal{F}_{k-1}} [E^+, F^+]_{S^1}$ の元と定義したが，7.1 節で定義される圏 $\mathfrak{C}$ の射として定義することもできる.

5.5 サイバーグ–ウィッテン写像とポントリャーギン–トム構成

サイバーグ–ウィッテン写像に対して，バウアー–古田の構成により，$(b^+(X) > 1$ のとき) S^1 同変安定ホモトピー類 $\Psi_X(\mathfrak{s}) \in \varinjlim_F [(E^+, (E_{\mathbb{R}})^+), (F^+, *)]_{S^1}$ を定義した. 代数トポロジーでよく知られているように，安定ホモトピー類は，ポントリャーギン–トム構成を通じて，**同境理論**と結びつく. ここでは，$\varinjlim_F [(E^+, (E_{\mathbb{R}})^+), (F^+, *)]_{S^1}$ の元にポントリャーギン–トム構成の変種を適用して，**同境群**の元を定義する. 1.2 節で行った議論を少し変更した議論になる.

d を 0 以上の整数とする. $\Omega_d^{\mathrm{ori}}(\mathcal{B}_k^{\mathrm{irr}})$ を次で定義される同境群とする.

$$\Omega_d^{\mathrm{ori}}(\mathcal{B}_k^{\mathrm{irr}}) := \left\{ (M, f) \,\middle|\, \begin{array}{l} M \text{ は向きのついた滑らかな } d \text{ 次元閉多様体} \\ f : M \to \mathcal{B}_k^{\mathrm{irr}} \text{ 連続写像} \end{array} \right\} \Big/ \sim .$$

ここで，$\sim$ は次で定義される同値関係.

$(M_0, f_0) \sim (M_1, f_1)$

$\Leftrightarrow$ 次の条件を満たす組 (N, g) が存在する.

N は向きのついたコンパクトで滑らかな $d + 1$ 次元多様体で，

$\partial N = -M_0 \coprod M_1,$

$\tilde{f} : N \to \mathcal{B}_k^{\mathrm{irr}}$ は連続写像で，$\tilde{f}|_{M_0} = f_0, \tilde{f}|_{M_1} = f_1$.

$\Omega_d^{\mathrm{ori}}(\mathcal{B}_k^{\mathrm{irr}})$ における和は

$$(M_0, f_0) + (M_1, f_1) := \left(M_0 \coprod M_1, f_0 \coprod f_1 \right)$$

で定義される. また

$$-(M, f) := (-M, f)$$

と定義される. 零元は (S^d, c) である. ただし，$c : S^d \to \mathcal{B}_k^{\mathrm{irr}}$ は定値写像である. 同境群については荒木の本[1]やルディヤクの本[62]を参照.

前節と同様，記号を少し簡単にするため，$b_1(X) = 0$ と仮定する. $H^+(X)$ の向き $\mathcal{O}$ を選ぶ. ($\mathcal{O}$ に依存した) 写像

$$PT : \varinjlim_F [(E^+, (E_{\mathbb{R}})^+), (F^+, *)]_{S^1} \to \Omega_d^{\mathrm{ori}}(\mathcal{B}_k^{\mathrm{irr}})$$

を次のように定義する．ただし，

$$d = \mathrm{ind}_{\mathbb{R}} D - 1 = \frac{c_1(\mathfrak{s})^2 - \sigma(X)}{4} - b^+(X) - 1$$

である．

S^1 作用は差集合 $E^+ \backslash (E_{\mathbb{R}})^+$ 上では自由である．よって，

$$B := (E^+ \backslash (E_{\mathbb{R}})^+)/S^1 = ((E_{\mathbb{C}} \backslash \{0\})/S^1) \times E_{\mathbb{R}}$$

は滑らかな多様体である．B 上のベクトル束 V を

$$V := \{(E_{\mathbb{C}} \backslash \{0\}) \times E_{\mathbb{R}}\} \times_{S^1} F$$

で定義する．$[f] \in \varinjlim_F [(E^+, (E_{\mathbb{R}})^+), (F^+, *)]_{S^1}$ をとる．$f|_{(E_{\mathbb{R}})^+} = *$ であるから，$f^{-1}(0)$ は $E^+ \backslash (E_{\mathbb{R}})^+$ のコンパクト部分空間である．f は S^1 同変であるから，切断

$$s : B \to V$$

を誘導し，

$$M := s^{-1}(0) = f^{-1}(0)/S^1$$

である．M はコンパクトである．サードの定理から s を少し摂動すると，M は滑らかな閉多様体である．

$$\dim M = \dim E - \dim F - 1 = \mathrm{ind}\, D - 1.$$

である．

$H^+(X; \mathbb{R})$ の向き $\mathcal{O}$ を選ぶと，M には次のように向きが入る．ν を M の B における法ベクトル束とする．

$$TB|_M = TM \oplus \nu$$

であり，s の微分 ds は ν と $V|_M$ の同型を誘導する．外積代数の一番次数の高いところを取ると，

$$\Lambda^{\mathrm{top}} TB|_M = \Lambda^{\mathrm{top}} TM \otimes \Lambda^{\mathrm{top}} \nu$$

である．よって

$$\begin{aligned}
\Lambda^{\mathrm{top}} TM &= \Lambda^{\mathrm{top}} TB|_M \otimes (\Lambda^{\mathrm{top}} \nu)^* \\
&\cong \Lambda^{\mathrm{top}} TB|_M \otimes (\Lambda^{\mathrm{top}} V)^* \\
&\cong \Lambda^{\mathrm{top}} TB_{\mathbb{C}}|_M \otimes (\Lambda^{\mathrm{top}} V_{\mathbb{C}})^* \otimes \Lambda^{\mathrm{top}} E_{\mathbb{R}} \otimes (\Lambda^{\mathrm{top}} F_{\mathbb{R}})^*
\end{aligned}$$

ここで，$B_{\mathbb{C}} = (E_{\mathbb{C}} \backslash \{0\})/S^1$，$V_{\mathbb{C}} = \{(E_{\mathbb{C}} \backslash \{0\}) \times E_{\mathbb{R}}\} \times_{S^1} F_{\mathbb{C}}$ である．$\Lambda^{\mathrm{top}} TB_{\mathbb{C}}$，$\Lambda^{\mathrm{top}} V_{\mathbb{C}}$ には $V_{\mathbb{C}}$ の複素構造により自明化が自然に定まる．また，作用素

$$d^+|_{E_\mathbb{R}} : E_\mathbb{R} \to F_\mathbb{R}$$

は単射で，$\operatorname{coker} d^+|_{E_\mathbb{R}} \cong H^+(X)$ である．したがって，

$$\Lambda^{\mathrm{top}} TM \cong \Lambda^{\mathrm{top}} E_\mathbb{R} \otimes (\Lambda^{\mathrm{top}} F_\mathbb{R})^* \cong \Lambda^{\mathrm{top}} H^+(X)$$

となる．よって，$\mathcal{O}$ により，$\Lambda^{\mathrm{top}} TM$ の自明化，つまり M の向きが定まる．自然な包含写像

$$\iota : M \to B \to \mathcal{B}_k^{\mathrm{irr}}$$

がある．

補題 5.30. 写像

$$PT : \varinjlim_{F} [(E^+, (E_\mathbb{R})^+), (F^+, *)]_{S^1} \quad \to \quad \Omega_d^{\mathrm{ori}}(\mathcal{B}_k^{\mathrm{irr}})$$
$$[f] \quad\quad\quad \mapsto \quad [M, \iota]$$

は well-defined である．

この補題の証明は各自に任せる．

いま，バウアー–古田不変量 $\Psi_X(\mathfrak{s}) \in \varinjlim_{F} [(E^+, (E_\mathbb{R})^+), (F^+, *)]_{S^1}$ に対して，ポントリャーギン–トム構成を適用することにより，$PT(\Psi_X(\mathfrak{s})) \in \Omega_d^{\mathrm{ori}}(\mathcal{B}_k^{\mathrm{irr}})$ を得る．一方，$H^+(X)$ の向き $\mathcal{O}$ を選ぶと，$\mathcal{M}_k(X, \mathfrak{s}, g, \eta)$ は向きの入った d 次元閉多様体であるから，

$$[\mathcal{M}_k(X, \mathfrak{s}, g, \eta), \iota] \in \Omega_d^{\mathrm{ori}}(\mathcal{B}_k^{\mathrm{irr}})$$

を得る．ただし，$\iota : \mathcal{M}_k(X, \mathfrak{s}, g, \eta) \hookrightarrow \mathcal{B}_k^{\mathrm{irr}}$ は自然な包含写像である．これら 2 つの元は一致する．この事実は次の節で用いる．

命題 5.31. $b_1(X) = 0$，$b^+(X) > 1$ のとき，

$$PT(\Psi_X(\mathfrak{s})) = [\mathcal{M}_k(X, \mathfrak{s}, g, \eta), \iota]$$

である（仮定 $b_1(X) = 0$ は外すことができる）．

証明. F を十分大きい $\mathcal{F}$ の部分空間とする．η で摂動されたサイバーグ–ウィッテン写像の有限次元近似

$$(f_F^\eta)^+ : (E^+, (E_\mathbb{R})^+) \to (F^+, *)$$

を取る．次の写像を考える．

$$SW_F^\eta := (f_F^\eta \oplus D|_{\mathcal{E}-E})^+ : \mathcal{E}^+ = (E \oplus (\mathcal{E}-E))^+ \to \mathcal{F}^+ = (F \oplus (\mathcal{F}-F))^+.$$

ここで，$\mathcal{E} - E$ は E の $\mathcal{E}$ における $L_k^2(X)$ 内積に関する直交補空間であり，

$\mathcal{F} - F$ は F の $\mathcal{F}$ における $L^2_{k-1}(X)$ 内積に関する直交補空間である. また, $L|_{\mathcal{E}-E}$ は $\mathcal{E} - E$ から $\mathcal{F} - F$ への同型写像である. ここで,

$$(SW^\eta_F)^{-1}(0) = (f^\eta_F)^{-1}(0)$$

であることに注意. H を SW^η と SW^η_F をつなぐ次のホモトピーとする.

$$H^\eta_F : \mathcal{E} \times [0,1] \to \mathcal{F}$$
$$H^\eta_F(x,s) = (1-s)SW^\eta(x) + sSW^\eta_F(x).$$

命題 5.26 と同様にして, F を十分大きく取れば,

$$(H^\eta_F)^{-1}(0) \subset \mathcal{E} \backslash \mathcal{E}_{\mathbb{R}}$$

となる. ここで, $\mathcal{E} \backslash \mathcal{E}_{\mathbb{R}}$ は $\mathcal{E}$ から $\mathcal{E}_{\mathbb{R}}$ は取り除いた差集合である. $\mathcal{V}$ を次の無限次元ヒルベルト束

$$\mathcal{V} := (\mathcal{E} \backslash \mathcal{E}_{\mathbb{R}}) \times_{S^1} \mathcal{F} \to (\mathcal{E} \backslash \mathcal{E}_{\mathbb{R}})/S^1 = \mathcal{B}^{\mathrm{irr}}_k$$

とする. H^η_F は S^1 同変だから, 切断

$$\bar{H}^\eta_F : \mathcal{B}^{\mathrm{irr}}_k \times [0,1] \to \mathcal{V} \times [0,1]$$

誘導する. **サード–スメールの定理**から, 必要ならば $\bar{H}^\eta_F$ を摂動して, $\bar{H}^\eta_F$ は零切断と横断的と仮定してよい.

$$N := (\bar{H}^\eta_F)^{-1}(0) = (H^\eta_F)^{-1}(0)/S^1 \subset \mathcal{B}^{\mathrm{irr}}_k \times [0,1]$$

とすると, N はコンパクトな滑らかな多様体で, 前と同様に, $\mathcal{O}$ を用いて N に向きを定義できる. また構成から,

$$\partial N = -\mathcal{M}_k(X, \mathfrak{s}, g, \eta) \coprod \{(f^\eta_F)^{-1}(0)/S^1\}$$

である. $\tilde{\iota} : N \to \mathcal{B}^{\mathrm{irr}}_k$ を自然な包含写像 $N \to \mathcal{B}^{\mathrm{irr}}_k \times [0,1]$ と射影 $\mathcal{B}^{\mathrm{irr}}_k \times [0,1] \to \mathcal{B}^{\mathrm{irr}}_k$ の合成とする. 制限

$$\tilde{\iota}|_{\mathcal{M}_k(X,\eta,g,\eta)}, \quad \tilde{\iota}|_{(f^\mu_F)^{-1}(0)/S^1}$$

はそれぞれ, $\mathcal{B}^{\mathrm{irr}}_k$ への自然な包含写像である. 以上により

$$PT(\Psi_X(\mathfrak{s})) = [\mathcal{M}_k(X, \mathfrak{s}, g, \eta), \iota] \in \Omega^{\mathrm{ori}}_d(\mathcal{B}^{\mathrm{irr}}_k)$$

が示された. $\qquad\qquad\qquad\qquad\qquad\qquad\qquad\qquad\qquad\qquad\qquad\qquad\square$

ここでは, 向きの付いた多様体の同境群 $\Omega^{\mathrm{ori}}_d(\mathcal{B}^{\mathrm{irr}}_k)$ を考えた. $\mathrm{spin}^c 4$ 次元多様体 $(X, \mathfrak{s})$ がある条件を満たすとき, **spin** 同境群へのポントリャーギン–トム写像を定義することができる.

$$PT^{\mathrm{spin}} : \varinjlim_F [(E^+, (E_{\mathbb{R}})^+), (F^+, *)]_{S^1} \to \Omega_d^{\mathrm{spin}}(\mathcal{B}_k^{\mathrm{irr}}).$$

ここで，$\Omega_d^{\mathrm{spin}}(\mathcal{B}_k^{\mathrm{irr}})$ の定義は，$\Omega_d^{\mathrm{ori}}(\mathcal{B}_k^{\mathrm{irr}})$ の定義の中で，M を spin 多様体へ変えたものである．PT^{spin} をバウアー–古田不変量に適用することにより，$\Omega_d^{\mathrm{spin}}(\mathcal{B}_k^{\mathrm{irr}})$ に値を持つ 4 次元多様体の不変量 $PT^{\mathrm{spin}}(\Psi(\mathfrak{s}))$ を考えることができる．詳しくは筆者の論文[64]を見よ．

5.6 サイバーグ–ウィッテン不変量とバウアー–古田不変量

5.4 節で定義したバウアー–古田不変量は，5.3 節で定義したサイバーグ–ウィッテン不変量よりも真に強力な不変量であることを説明する．まず，バウアー–古田不変量からサイバーグ–ウィッテン不変量が再現できることを示す．前節に引き続いて $b_1(X) = 0$ と仮定する（この仮定は外すことができるが，議論が若干複雑になるので，$b_1(X) > 0$ の場合はここでは議論しない）．

補題 5.32. $c \in H^d(\mathcal{B}_k^{\mathrm{irr}}; \mathbb{Z})$ とする．次の写像は well-defined である．

$$
\begin{array}{rccc}
I_c : & \Omega_d^{\mathrm{ori}}(\mathcal{B}_k^{\mathrm{irr}}) & \to & \mathbb{Z} \\
& [M, f] & \mapsto & \displaystyle\int_M f^* c.
\end{array}
$$

証明. $[M_0, f_0] = [M_1, f_1]$ とする．コンパクト，かつ滑らかな $d+1$ 次元多様体 N で

$$\partial N = -M_0 \coprod M_1$$

となるものと，連続写像 $\tilde{f} : N \to \mathcal{B}_k^{\mathrm{irr}}$ で

$$\tilde{f}|_{M_0} = f_0, \ \tilde{f}|_{M_1} = f_1$$

となるものが存在する．$d(\tilde{f}^* c) = 0$ であるから，ストークスの定理より

$$0 = \int_N d(\tilde{f}^* c) = -\int_{M_0} f_0^* c + \int_{M_1} f_1^* c.$$

よって，主張を得る． $\square$

定義 5.33. $\mathcal{U}$ を 5.3 節で定義した複素直線束とする．

$$d = \mathrm{ind}\, D - 1 = \frac{c_1(\mathfrak{s})^2 - \sigma(X)}{4} - b^+(X) - 1,$$

$$\alpha := c_1(\mathcal{U}) \in H^2(\mathcal{B}_k^{\mathrm{irr}}; \mathbb{Z})$$

とおき，写像

$$\deg : \varinjlim_F [(E^+, (E_{\mathbb{R}})^+), (F^+, *)]_{S^1} \to \mathbb{Z}$$

を次で定義する.

$$\deg[f] = \begin{cases} I_{\alpha^{\frac{d}{2}}}([M,\iota]) & d \text{ が } 0 \text{ 以上の偶数のとき}, \\ 0 & \text{その他のとき}. \end{cases}$$

ここで, M, ι は 5.5 節で定義されたのものである.

写像 $\deg$ をバウアー–古田不変量 $\Psi_X(\mathfrak{s}) \in \varinjlim_F [(E^+, (E_{\mathbb{R}})^+), (F^+, *)]_{S^1}$ に適用することで, サイバーグ–ウィッテン不変量を再現できる.

命題 5.34. $b_1(X) = 0, b^+(X) > 1$ のとき, $\deg \Psi_X(\mathfrak{s}) = SW_X(\mathfrak{s})$ である.

証明. 定義から

$$SW_X(\mathfrak{s}) = \begin{cases} \displaystyle\int_{\mathcal{M}_k(X,\mathfrak{s},g,\eta)} \alpha^{\frac{d}{2}} & d \text{ が } 0 \text{ 以上の偶数のとき}, \\ 0 & \text{その他のとき}. \end{cases}$$

命題 5.31 と補題 5.32 より

$$I_\alpha(\Psi_X(\mathfrak{s})) = SW_X(\mathfrak{s})$$

となる. $\qquad\square$

通常のサイバーグ–ウィッテン不変量 SW_X と同様に次の消滅定理が成り立つ.

定理 5.35. X が正のスカラー曲率を持つならば, すべての $\mathfrak{s} \in \mathrm{Spin}^c(X)$ に対して,

$$\Psi_X(\mathfrak{s}) = 0$$

である.

一方, Ψ_X は連結和に関して, 次の公式が成り立つ.

定理 5.36 (バウアー[12]). X_1, X_2 の spin^c 構造 $\mathfrak{s}_1, \mathfrak{s}_2$ に対して, 次が成り立つ.

$$\Psi_{X_1 \# X_2}(\mathfrak{s}_1 \# \mathfrak{s}_2) = \Psi_{X_1}(\mathfrak{s}_1) \wedge \Psi_{X_2}(\mathfrak{s}_2).$$

ただし, $\wedge$ はスマッシュ積を表す.

サイバーグ–ウィッテン不変量の連結和に対する消滅定理 (定理 5.15) とは対照的に, バウアー–古田不変量は連結和に対して, 一般には非自明である. 定理 5.36 を用いて次が示される.

例 5.37. $\mathfrak{s}$ を $K3$ 曲面の spin 構造から定まる spin^c 構造とする. このとき,

$$\Psi_{K3 \# K3}(\mathfrak{s} \# \mathfrak{s}) = [\eta \wedge \eta].$$

ここで, $\eta : S^3 \to S^2$ はホップ写像である. 特に, $\Psi_{K3\#K3}(\mathfrak{s}\#\mathfrak{s})$ は非自明である. 詳しくはバウアーの論文[12]を参照.

消滅定理（定理 5.35）と合わせると, 連結和 $K3\#K3$ は正のスカラー曲率は入らないということが帰結できる. これは通常のサイバーグ–ウィッテン不変量から帰結できないことである.

5.7 サイバーグ–ウィッテン方程式によるドナルドソンの定理の証明

サイバーグ–ウィッテン方程式の有限次元近似 f_F を用いてドナルドソンの定理（定理 4.3）を証明する.

ユニモジュラー, 負定値 2 次形式 Q が対角化可能かどうかは次の定理で判定できる.

定理 5.38（エルキース[22]）. $Q : \mathbb{Z}^n \otimes \mathbb{Z}^n \to \mathbb{Z}$ はユニモジュラー, 負定値な 2 次形式であるとする. このとき,

$$|Q(\alpha, \alpha)| < n$$

となる Q の**特性ベクトル** $\alpha \in \mathbb{Z}^n$ が存在しなければ, Q は（$\mathbb{Z}$ 上）対角化可能である.

ここで, $\alpha \in \mathbb{Z}^n$ が Q の特性ベクトルであるとは, すべての $\beta \in \mathbb{Z}^n$ に対して

$$Q(\beta, \beta) \equiv Q(\alpha, \beta) \pmod 2$$

となることである.

X は向きの付いた滑らかな閉 4 次元多様体で, 負定値であるとする. $c \in H^2(X; \mathbb{Z})$ が特性ベクトルであることの必要十分条件は, ある spin^c 構造 $\mathfrak{s}$ があって, $c = c_1(\mathfrak{s})$ となることである（命題 5.3 を参照）. よって, 定理 4.3 を示すには, X の各 spin^c 構造 $\mathfrak{s}$ に対して,

$$c_1(\mathfrak{s})^2 \leqslant -b_2(X)$$

を示せばよい.

$b^+(X) = 0$ より, $b_2(X) = -\sigma(X)$ であることに注意. $b_1(X) > 0$ のときは, $H_1(X; \mathbb{Z})$ の基底を代表する閉曲線に沿って手術することにより, 交叉形式 Q_X を変えずに $b_1 = 0$ とすることができる. $b_1(X) = 0$ として議論してよい. 5.4 節で行ったサイバーグ–ウィッテン方程式の有限次元近似から, S^1 同変写像

$$f_F^+ : E^+ \to F^+$$

を得る．ここで，

$$E \cong \mathbb{R}^m \oplus \mathbb{C}^{n+a}, \ F \cong \mathbb{R}^{m+b^+(X)} \oplus \mathbb{C}^n \quad (m, n \gg 0)$$

であり，

$$a = \mathrm{ind}\, D\!\!\!/_{A_0} = \frac{c_1(\mathfrak{s})^2 - \sigma(X)}{8} = \frac{c_1(\mathfrak{s})^2 + b_2(X)}{8}$$

である．f_F^+ の S^1 作用の不動点集合への制限

$$(f_F^+)^{S^1} : (\mathbb{R}^n)^+ \to (\mathbb{R}^n)^+$$

は，作用素

$$d^+ : (\mathrm{Im}\, d^* \subset \Omega^1(X)) \to \Omega^+(X)$$

の有限次元近似から誘導される写像である．$b^+(X) = 0$ より，d^+ は同型であり，$(f_F^+)^{S^1}$ は同相である．S^1 同変ボルスク–ウラム型定理（定理 2.6）により，$a \leqslant 0$，つまり $c_1(\mathfrak{s})^2 \leqslant -b_2(X)$ を得る．

5.8 spin 4 次元多様体

ロホリンの定理（定理 4.6）を示す．X を滑らかな閉 spin 4 次元多様体とする．$\mathfrak{s}$ を X の spin 構造とする．このとき，スピノール束 $S^\pm$ は四元数ベクトル束である（5.1 節を参照）．A_0 を spin 接続とすると，ディラック作用素 $D_{A_0} : \Gamma(S^+) \to \Gamma(S^-)$ は四元数上の線形写像となる．特に複素数上での D_{A_0} の指数

$$\frac{-\sigma(X)}{8}$$

は偶数となる．よって，$\sigma(X)$ は 16 で割り切れる．

定理 4.9 の証明を行う．X を滑らかな spin 閉 4 次元多様体で，Q_X は不定符号であるとする．(4.2) より Q_X は even である．必要ならば X の向きを反対にすることで，$\sigma(X) \leqslant 0$ であるとしてよい．ロホリンの定理（定理 4.6）と定理 4.5 により，

$$Q_X \cong 2a E_8 \oplus b H$$

となる．このとき，

$$b_2(X) = 16a + 2b, \ b^+(X) = b, \ \sigma(X) = -16a$$

である．定理 4.9 を示すには

$$2a + 1 \leqslant b \tag{5.10}$$

を示せばよい.

$\mathfrak{s}$ を X の spin 構造から誘導される spin^c 構造とする. A_0 は spin 接続とする. 証明にはサイバーグ–ウィッテン方程式が Pin(2) 同変であることを用いる. $G := \mathrm{Pin}(2) = S^1 \coprod S^1 j \subset \mathbb{H}$ とおく. $\mathcal{E}_k, \mathcal{F}_{k-1}$ に G 作用を定義する. $S^\pm$ は四元数ベクトル束であった. (a, ϕ) を $\mathcal{E}_k$ または $\mathcal{F}_{k-1}$ の元とし, $z \in S^1$ に対して,

$$z(a, \phi) = (a, \phi z), \quad j(a, \phi) = (-a, \phi j) \tag{5.11}$$

と定義する. このとき, サイバーグ–ウィッテン写像 (5.8) は G 同変写像になっている. 5.4 節の有限次元近似によって, G 同変写像

$$f_F^+ : E^+ \to F^+$$

を得る. ただし,

$$E \cong \tilde{\mathbb{R}}^m \oplus \mathbb{H}^{m+a}, \quad F \cong \tilde{\mathbb{R}}^{m+b} \oplus \mathbb{H}^m \quad (m, n \gg 0)$$

である. f_F^+ を G 不動集合に制限すると

$$(f_F^+)^G = id : S^0 \to S^0$$

である. よって G 同変ボルスク–ウラム型定理 (定理 2.8) により (5.10) を得る. □

第 6 章
サイバーグ–ウィッテン–フレアー
ホモロジー

　サイバーグ–ウィッテン理論を境界付き 4 次元多様体 X へ適用するときに必要になるのが，**サイバーグ–ウィッテン–フレアー理論**である．一般にフレアー理論とは，無限次元上のモース理論のことを指す．

　フレアー[24], [25]がシンプレクティック幾何学とドナルドソン理論において**フレアーホモロジー**を定義し，その後，様々なフレアーホモロジーが定義された．現在では，フレアーホモロジーの多くの強力な応用が見つかっている．フレアーホモロジーについては，深谷の本[3]，ドナルドソンの本[21]，深谷–王–太田–小野の本[28]，クロンハイマー–ミュロフカの本[41]，フレアーのメモリアルボリューム[34]などを参照．

　本章では，有限次元上のモースホモロジーを復習し，次にサイバーグ–ウィッテン–フレアーホモロジーの構成の概略を述べる．

6.1　モース理論

　ここでは，有限次元のモース理論について簡単に述べる．より詳しくは橋本の本[2]の第 9 章，松本の本[4]，ミルナーの本[56]などを参照．

　M を滑らかな n 次元閉多様体とする．

定義 6.1. 滑らかな関数 $f : M \to \mathbb{R}$ が**モース関数**であるとは，f の臨界点がすべて非退化であることである．つまり，$d_x f = 0$ となるすべての点 $x \in M$ に対して，ヘシアン $H_x(f)$ が非退化であることである．また，$H_x(f)$ の負の固有値の数を x の**モース指数**といい，$\mathrm{ind}(f, x)$，または $\mathrm{ind}\, x$ と書く．

　多様体上には豊富にモース関数がある．

定理 6.2. $k \geq 0$ とする．任意の滑らかな関数 $f : M \to \mathbb{R}$ と任意の $\epsilon > 0$ に対して，モース関数 $g : M \to \mathbb{R}$ が存在し，$\|f - g\|_{C^k(M)} < \epsilon$ となる．$\|\cdot\|_{C^k(M)}$

は C^k ノルムである.

モース関数を用いて,多様体 M のトポロジーを調べることができる.例えば,モース関数から M のホモロジーを再現できる.次のようにして,モース関数 $f : M \to \mathbb{R}$ からホモロジーを定義する.技術的なことは省略しながら,そのホモロジーの定義を述べる.M のリーマン計量を 1 つ固定する.$\mathrm{grad}\, f : M \to TM$ を固定されたリーマン計量に関する f の勾配ベクトル場であるとする.f の臨界点 p, q に対して,$\mathcal{M}(p, q)$ を p から q への下向き勾配曲線全体の空間とする.

$$
\mathcal{M}(p, q) = \left\{ \gamma : \mathbb{R} \to M \left|
\begin{array}{l}
\dfrac{d\gamma}{dt}(t) = -\,\mathrm{grad}\, f(\gamma(t)), \\[2mm]
\displaystyle\lim_{t \to -\infty} \gamma(t) = p, \\[2mm]
\displaystyle\lim_{t \to \infty} \gamma(t) = q
\end{array}
\right. \right\}.
$$

(必要ならば関数 f を適当に少し摂動しておくと)$\mathcal{M}(p, q)$ は $\mathrm{ind}\, p - \mathrm{ind}\, q$ 次元の滑らかな多様体(または空集合)になっている.$\mathbb{R}$ の $\mathcal{M}(p, q)$ への作用を次で定義する.

$$
\gamma(\cdot) \mapsto \gamma(\cdot + r).
$$

商空間 $\overline{\mathcal{M}}(p, q) = \mathcal{M}(p, q)/\mathbb{R}$ は $\mathrm{ind}\, p - \mathrm{ind}\, q - 1$ 次元多様体である.

$C_k(M, f)$ を指数 k の f の臨界点で生成される $\mathbb{Z}$ 加群とする.境界作用素

$$
\partial : C_k(M, f) \to C_{k-1}(M, f)
$$

を次のように定義する.p, q を f の臨界点で,指数を $k, k-1$ とする.$\overline{\mathcal{M}}(p, q)$ は 0 次元多様体,つまり,離散的な点の集合である.また,個数は有限個であることが示される.そこで,

$$
\langle \partial p, q \rangle := \#\overline{\mathcal{M}}(p, q) \in \mathbb{Z}
$$

とおく.$\#$ は符号付きで元の個数を数えるということである.ここでは符号の付け方は説明しない.

$$
\partial p := \sum_q \langle \partial p, q \rangle\, q
$$

と定義する.ただし,q は指数 $k - 1$ の臨界点全体を動く.

$$
\partial \circ \partial = 0
$$

を示すことができ,(M, f) のモースホモロジー $H_*(M, f)$ を $(C_*(M, f), \partial)$ のホモロジーとして定義する.

命題 6.3. モースホモロジー $H_*(M, f)$ は X の通常のホモロジー $H_*(M; \mathbb{Z})$

と同型である.

　具体例を 1 つ見てみる. 図 6.1 は S^2 上のモース関数の 1 つを表している. モース関数 f の臨界点は p, q, r, s の 4 つで, 指数はそれぞれ $2, 2, 1, 0$ となっている.

$$C_2(S^2, f) = \mathbb{Z} \langle p, q \rangle \cong \mathbb{Z}^2,$$
$$C_1(S^2, f) = \mathbb{Z} \langle r \rangle \cong \mathbb{Z},$$
$$C_0(S^2, f) = \mathbb{Z} \langle s \rangle \cong \mathbb{Z}.$$

　矢印の付いた曲線は p からの下向き勾配曲線である. p から r への勾配曲線と q から r への勾配曲線はそれぞれ 1 本で

$$\langle \partial p, r \rangle = 1, \quad \langle \partial q, r \rangle = 1.$$

r から s への勾配曲線は手前に 1 本, 裏側に 1 本あって,（符号の定義は説明してないが）符号がそれぞれ $+1, -1$ となっている. よって

$$\langle \partial r, s \rangle = 0$$

である.

$$\ker(\partial : C_2 \to C_1) = \mathbb{Z} \langle p - q \rangle,$$
$$\mathrm{im}(\partial : C_2 \to C_1) = \mathbb{Z} \langle r \rangle,$$
$$\ker(\partial : C_1 \to C_0) = \mathbb{Z} \langle r \rangle,$$
$$\mathrm{im}(\partial : C_1 \to C_0) = 0$$

となり

$$H_2(X, f) = \ker(\partial : C_2 \to C_1) = \mathbb{Z} \langle p - q \rangle \cong \mathbb{Z},$$
$$H_1(X, f) = \ker(\partial : C_1 \to C_1)/\mathrm{im}(\partial : C_2 \to C_1) = \mathbb{Z} \langle r \rangle / \mathbb{Z} \langle r \rangle = 0,$$
$$H_0(X, f) = C_0/\mathrm{im}(\partial : C_1 \to C_0) = \mathbb{Z} \langle s \rangle / 0 \cong \mathbb{Z}.$$

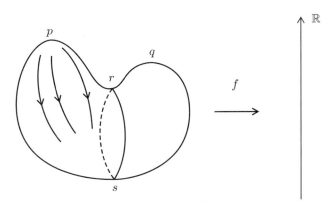

図 6.1　S^2 上のモース関数.

これは S^2 の通常のホモロジーと一致している.

M が境界を持つコンパクト多様体の場合,（適当な横断性の条件を満たす）モース関数 f を用いて,3つのチェイン複体

$$C_*(M, f), \; C_*(M, \partial M, f), \; C_*(\partial M, f) \tag{6.1}$$

を定義でき,同型

$$H_*(C_*(M, f)) \cong H_*(M; \mathbb{Z}),$$
$$H_*(C_*(M, \partial M, f)) \cong H_*(M, \partial M; \mathbb{Z}),$$
$$H_*(C_*(\partial M, f)) \cong H_*(\partial M; \mathbb{Z})$$

がある.右辺は通常のホモロジーである.これら3つの複体の定義については,クロンハイマー–ミュロフカ[41] の本の Chapter I, 2.4 を参照.

6.2 サイバーグ–ウィッテン–フレアーホモロジーの構成

ここでは,サイバーグ–ウィッテン–フレアーホモロジーの構成の概略を述べる.チャーン–サイモンズ–ディラック汎関数という無限次元上の関数に,前節で説明したモースホモロジーの構成のアイデアを適用して,フレアーホモロジーは定義される.本書ではサイバーグ–ウィッテン–フレアーホモロジーを直接用いるわけでないので,ごく簡単な説明に留める.詳しくはクロンハイマー–ミュロフカの本[41]を参照.

Y を向きの付いた閉3次元多様体,g を Y のリーマン計量とする.$\mathfrak{t}$ を Y の spin^c 構造とする.spin^c 接続 A_0 を固定する.Y 上の spin^c 接続全体の空間は $i\Omega^1(Y)$ と同一視される.S をスピノール束とする（5.1 節を参照）.

$$\mathcal{C}(Y, \mathfrak{t}) := i\Omega^1(Y) \oplus \Gamma(S)$$

とおく.$\mathcal{C}(Y, \mathfrak{t})$ 上に $L^2(Y)$-内積を

$$\langle (a, \phi), (b, \psi) \rangle_{L^2(Y)} = -\int_Y a \wedge *b + \int_Y \langle \phi, \psi \rangle \, d\mu$$

で定義する.$\langle \phi, \psi \rangle$ は S 上の内積である.また,$d\mu$ はリーマン計量 g の体積形式である.

$k > 0$ に対して,$L_k^2(Y)$-内積を

$$\langle (a, \phi), (b, \psi) \rangle_{L_k^2(Y)}$$
$$= \langle (a, \phi), (b, \psi) \rangle_{L^2(Y)} + \left\langle \left(\Delta^{\frac{k}{2}} a, (\slashed{D}_{A_0} \slashed{D}_{A_0})^{\frac{k}{2}} \phi \right), \left(\Delta^{\frac{k}{2}} b, (\slashed{D}_{A_0} \slashed{D}_{A_0})^{\frac{k}{2}} \psi \right) \right\rangle_{L^2(Y)}$$

で定義する.Δ は Y 上のラプラシアンである.$L_k^2(Y)$-内積により定義されるノルムを $\|(a, \phi)\|_{L_k^2(Y)}$ で表す.

チャーン–サイモンズ–ディラック汎関数と呼ばれる $\mathcal{C}(Y, \mathfrak{t})$ 上の汎関数 CSD を次で定義する.

$$CSD(a, \phi) = -\frac{1}{8} \int_Y a \wedge (F_{A_0^{\mathrm{det}}} + F_{(A_0 + a)^{\mathrm{det}}}) + \frac{1}{2} \int_Y \langle D\!\!\!/_{A_0 + a} \phi, \phi \rangle \, d\mu.$$

ここで, $(A_0 + a)^{\mathrm{det}}$ は $A_0 + a$ が誘導する $\det \mathfrak{t}$ 上の接続である.

補題 6.4. 次の等式が成り立つ.

$$\left. \frac{d}{dt} \right|_{t=0} CSD(a + tb, \phi + t\psi)$$
$$= \frac{1}{2} \left\langle b, *F_{(A_0 + a)^{\mathrm{det}}} + q(\phi) \right\rangle_{L^2(Y)} + \mathrm{Re} \left\langle \psi, D\!\!\!/_{A_0 + a} \phi \right\rangle_{L^2(Y)}.$$

つまり, $L^2(Y)$ に関する CSD の勾配は

$$\mathrm{grad}\, CSD(a, \phi) = \left(\frac{1}{2} \left(*F_{(A_0 + a)^{\mathrm{det}}} + q(\phi) \right), D\!\!\!/_{A_0 + a} \phi \right)$$
$$\in T_{(a, \phi)} \mathcal{C}(Y, \mathfrak{s}) = i\Omega^1(Y) \oplus \Gamma(S)$$

で与えられる.

証明はクロンハイマー–ミュロフカの本[41]の Chapter II, 4.1 を見よ.

$I \subset \mathbb{R}$ を区間とする. $Y \times I$ 上には spin^c 構造 $\pi_Y^* \mathfrak{t}$ を考える. $\pi_Y : Y \times I \to Y$ は射影である. $\gamma = (A, \phi) \in \mathcal{C}(Y \times I)$ とする.

$$A = \check{A} + c\,dt$$

と書ける. ただし, $\check{A}$ は $\mathcal{A}(Y, \mathfrak{t})$ の曲線

$$\check{A} : I \to \mathcal{A}(Y, \mathfrak{t})$$

であり, c は $i\Omega^0(Y)$ の曲線

$$c : I \to i\Omega^0(Y)$$

である. また,

$$\check{\gamma} := (\check{A}, \phi) : I \to \mathcal{C}(Y, \mathfrak{t})$$

とおく. γ に対する（摂動していない）サイバーグ–ウィッテン方程式 (5.5) は次のように書ける.

$$\frac{\partial \check{A}}{\partial t}(t) = -\frac{1}{2}(*F_{\check{A}^{\mathrm{det}}(t)} + q(\phi(t)) + dc(t)),$$
$$\frac{\partial \phi}{\partial t}(t) = -D\!\!\!/_{\check{A}} \phi(t) - \rho(c(t))\phi(t).$$

補題 6.4 より, この方程式は

$$\frac{\partial \check{\gamma}}{\partial t}(t) = -\mathrm{grad}\, CSD(\check{\gamma}(t)) - \mathbf{d}_{\check{\gamma}(t)} c(t) \tag{6.2}$$

と書ける．ここで，$\mathbf{d}_{\check{\gamma}(t)}c(t) = (dc(t), \rho(c(t))\phi(t))$ である．A に適当にゲージ変換を施して，c を恒等的に 0 にすることができる．このとき，方程式は

$$\frac{\partial \check{\gamma}}{\partial t}(t) = -\operatorname{grad} CSD(\check{\gamma}(t)) \tag{6.3}$$

となり，$\check{\gamma}$ は CSD の勾配曲線となる．また，CSD の臨界点の方程式

$$\operatorname{grad} CSD(a, \phi) = 0$$

は Y 上のサイバーグ–ウィッテン方程式と呼ばれる．

基本的に，CSD のモースホモロジーが，サイバーグ–ウィッテン–フレアーホモロジーである．ただし，ゲージ変換の作用で割る必要がある．サイバーグ–ウィッテン方程式に可約解（$\psi = 0$）が存在すると，関連するモジュライ空間に特異点が現れ，定義がうまくいかない．閉 4 次元多様体の場合と異なり，方程式の摂動によりこの問題は解決できない．この問題を解決するため，クロンハイマー–ミュロフカは $\mathcal{C}(Y, \mathfrak{t})$ を可約な元の部分空間 $\{\phi = 0\}$ に沿ったブローアップした空間 $\mathcal{C}^\sigma(Y, \mathfrak{t})$ を考えた．

$$\mathcal{C}^\sigma(Y, \mathfrak{t}) = \{(a, \phi, r) \in \mathcal{C}(Y, \mathfrak{t}) \times \mathbb{R}_{\geqslant 0} | \|\phi\|_{L^2(Y)} = 1\}.$$

$\mathcal{C}^\sigma(Y, \mathfrak{t})$ は無限次元の境界付き多様体で，境界は

$$\{(a, \phi, r) \in \mathcal{C}^\sigma(Y, \mathfrak{t}) | r = 0\} \ (\cong \{(a, \phi) \in \mathcal{C}(Y, \mathfrak{t}) | \|\phi\|_{L^2(Y)} = 1\})$$

である．また，次の同一視がある．

$$\begin{aligned}
\mathcal{C}(Y, \mathfrak{t}) \backslash \{\phi = 0\} \quad &\cong \quad \mathcal{C}^\sigma(Y, \mathfrak{t}) \backslash \{r = 0\} \\
(a, \phi) \quad &\mapsto \quad (a, \tfrac{1}{\|\phi\|_{L^2(Y)}}\phi, \|\phi\|_{L^2(Y)})
\end{aligned}$$

$\mathcal{C}^\sigma(Y, \mathfrak{t})$ にゲージ変換 $\mathcal{G}(Y) = C^\infty(Y, S^1)$ が次で作用している．

$$u(a, \phi, r) = (a - u^{-1}du, u\phi, r).$$

この作用は自由であり，商空間 $\mathcal{B}^\sigma(Y, \mathfrak{t}) := \mathcal{C}^\sigma(Y, \mathfrak{t})/\mathcal{G}(Y)$ は無限次元の多様体である．ただし，境界

$$\{(a, \phi, r) \in \mathcal{C}^\sigma(Y, \mathfrak{t}) | r = 0\}/\mathcal{G}(Y)$$

を持つ．汎関数 CSD は $\mathcal{B}^\sigma(Y, \mathfrak{t})$ 上の汎関数

$$CSD^\sigma : \mathcal{B}^\sigma(Y, \mathfrak{t}) \to \mathbb{R} \ (\text{または } S^1)$$

を誘導する．境界付き多様体上の 3 つのモースチェイン複体 (6.1) の定義を CSD^σ に適用して，3 種類のチェイン複体を定義し，そのホモロジーである**サイバーグ–ウィッテン–フレアーホモロジー**（または**モノポールフレアーホモロジー**）が定義される．

$$\widetilde{HM}(Y,\mathfrak{t}), \quad \widehat{HM}(Y,\mathfrak{t}), \quad \overline{HM}(Y,\mathfrak{t})$$

を得られる．さらに，ペア $(\mathcal{B}^\sigma(Y,\mathfrak{t}), \partial\mathcal{B}^\sigma(Y,\mathfrak{t}))$ のホモロジー完全系列に対応した，次の完全系列がある．

$$\cdots \to \widetilde{HM}(Y,\mathfrak{t}) \to \widehat{HM}(Y,\mathfrak{t}) \to \overline{HM}(Y,\mathfrak{t}) \to \widetilde{HM}(Y,\mathfrak{t}) \to \cdots.$$

X を Y_0 から Y_1 への同境とする．つまり，X は向きの付いた滑らかなコンパクト 4 次元多様体で，$\partial X = -Y_0 \coprod Y_1$ とする．$\mathfrak{s}$ を X 上の spin^c 構造とする．$\mathfrak{s}|_{Y_0} = \mathfrak{t}_0, \mathfrak{s}|_{Y_1} = \mathfrak{t}_1$ とする．このとき，X 上のサイバーグ–ウィッテン方程式の解のモジュライ空間を用いて，**相対サイバーグ–ウィッテン不変量**と呼ばれる準同型写像

$$\widetilde{SW}(X,\mathfrak{s}) : \widetilde{HM}(Y_0,\mathfrak{t}_0) \otimes \Lambda^*(H_1(X;\mathbb{Z})/\mathrm{Tor}) \to \widetilde{HM}(Y_1,\mathfrak{t}_1),$$

$$\widehat{SW}(X,\mathfrak{s}) : \widehat{HM}(Y_0,\mathfrak{t}_0) \otimes \Lambda^*(H_1(X;\mathbb{Z})/\mathrm{Tor}) \to \widehat{HM}(Y_1,\mathfrak{t}_1),$$

$$\overline{SW}(X,\mathfrak{s}) : \overline{HM}(Y_0,\mathfrak{t}_0) \otimes \Lambda^*(H_1(X;\mathbb{Z})/\mathrm{Tor}) \to \overline{HM}(Y_1,\mathfrak{t}_1)$$

が定義される．X が閉多様体の場合は，これらは通常のサイバーグ–ウィッテン不変量と一致している．

　フレアーホモロジーと相対サイバーグ–ウィッテン不変量は位相的場の理論の 1 つとなっている．Cob_3 を 3 次元閉 spin^c 多様体 $(Y,\mathfrak{t})$ を対象とし，$(Y_0,\mathfrak{t}_0)$ から $(Y_1,\mathfrak{t}_1)$ への射を $(Y_0,\mathfrak{t}_0)$ から $(Y_1,\mathfrak{t}_1)$ への spin^c 同境 $(X,\mathfrak{s})$ とする．また，$\mathrm{Mod}_\mathbb{Z}$ を $\mathbb{Z}$ 加群の圏とする．このとき，対応

$$(Y,\mathfrak{t}) \mapsto HM(Y,\mathfrak{t}), \quad (X,\mathfrak{s}) \mapsto SW(X,\mathfrak{s})$$

は Cob_3 から $\mathrm{Mod}_\mathbb{Z}$ への関手を定義する．ここで，HM は $\widetilde{HM}, \widehat{HM}, \overline{HM}$ のいずれかで，SW は $\widetilde{SW}, \widehat{SW}, \overline{SW}$ のいずれかである．また，$\Lambda^*(H_1(X;\mathbb{Z})/\mathrm{Tor})$ 成分については $1 \in \Lambda^0(H_1(X;\mathbb{Z})/\mathrm{Tor})$ を取ることにする．

第7章

サイバーグ–ウィッテン–フレアー
安定ホモトピー型

　無限次元上の汎関数を用いて定義されたフレアーホモロジーを，ある位相空間（CW 複体，または CW 複体のスペクトラム，安定ホモトピー型）のホモロジーとして再現できるか，という問題が，フレアーメモリアルボリューム[34]の中に収録されているコーエン–ジョーンズ–シーガルの論文の中で提起されている（この問題は，もともとフレアー自身も考えていたらしい）．マノレスク[48]は，この問題をサイバーグ–ウィッテン理論において進展させた．マノレスクは $b_1(Y) = 0$ のときに，サイバーグ–ウィッテン–フレアー安定ホモトピー型という S^1-安定ホモトピー型をサイバーグ–ウィッテン方程式から定義した．その S^1 同変ホモロジーをとると，サイバーグ–ウィッテン–フレアーホモロジーが再現される．また，サイバーグ–ウィッテン–フレアー安定ホモトピー型を用いると，バウアー–古田不変量を境界付き 4 次元多様体に定義できるようになる．

7.1　安定ホモトピー圏

　サイバーグ–ウィッテン–フレアー安定ホモトピー型を定義するために必要な安定ホモトピー圏を定義する．

定義 7.1. $\mathfrak{C}$ を次で定義される圏とする．

- $\mathfrak{C}$ の対象は 3 つ組 (W, m, n)．ここで，W は基点付き S^1-CW 複体，$m \in \mathbb{Z}$，$n \in \mathbb{Q}$ である．

- $\mathfrak{C}$ の対象 (W_0, m_0, n_0), (W_1, m_1, n_1) に対して，射の集合を，$n_0 - n_1 \in \mathbb{Z}$ のとき，

$$
\mathrm{Mor}_{\mathfrak{C}}((W_0, m_0, n_0), (W_1, m_1, n_1))
$$
$$
= \lim_{p,q \to \infty} [\Sigma^{\mathbb{R}^p \oplus \mathbb{C}^q} W_0, \Sigma^{\mathbb{R}^{p+m_0-m_1} \oplus \mathbb{C}^{q+n_0-n_1}} W_1]_{S^1}
$$

と定義し，$n_0 - n_1 \notin \mathbb{Z}$ のとき

$$\mathrm{Mor}_{\mathfrak{C}}((W_0, m_0, n_0), (W_1, m_1, n_1)) = \varnothing$$

と定義する．ここで，$[\cdot, \cdot]_{S^1}$ は基点を保つ S^1 写像のホモトピー類の集合である．$\Sigma^{\mathbb{R}}, \Sigma^{\mathbb{C}}$ は $\mathbb{R}, \mathbb{C}$ による簡約懸垂を表す．

正の整数 p, q に対して，

$$\Sigma^{\mathbb{R}^p \oplus \mathbb{C}^q}(W, m, n) := (\Sigma^{\mathbb{R}^p \oplus \mathbb{C}^q} W, m, n)$$

と定義する．

補題 7.2. 正の整数 r に対して，標準的な同型

$$\Sigma^{\mathbb{R}^r}(W, m, n) \cong (W, m - r, n), \quad \Sigma^{\mathbb{C}^r}(W, m, n) \cong (W, m, n - r)$$

がある．

証明. 定義から

$$\mathrm{Mor}_{\mathfrak{C}}(\Sigma^{\mathbb{R}^r}(W, m, n), (W, m - r, n))$$
$$= \mathrm{Mor}_{\mathfrak{C}}((\Sigma^{\mathbb{R}^r} W, m, n), (W, m - r, n))$$
$$= \lim_{p, q \to \infty} [\Sigma^{\mathbb{R}^{p+r} \oplus \mathbb{C}^q} W, \Sigma^{\mathbb{R}^{p+r} \oplus \mathbb{C}^q} W]_{S^1}.$$

よって，$\Sigma^{\mathbb{R}^{p+r} \oplus \mathbb{C}^q} W$ の恒等写像で代表される射が，$\Sigma^{\mathbb{R}^r}(W, m, n)$ と $(W, m - r, n)$ の間の同型を与える．

2つ目の同型についても同様である． $\square$

この補題を踏まえ，（"懸垂の逆" として）$r \in \mathbb{Z}, q \in \mathbb{Q}$ に対して

$$\Sigma^{-\mathbb{R}^r}(W, m, n) := (W, m + r, n), \quad \Sigma^{-\mathbb{C}^q}(W, m, n) := (W, m, n + q)$$

と定義する．さらに，有限次元実ベクトル空間 V に対して，

$$\Sigma^{-V}(W, m, n) := (\Sigma^V W, m + 2 \dim_{\mathbb{R}} V, n)$$

と定義する．有限次元複素ベクトル空間 V に対して，

$$\Sigma^{-V}(W, m, n) := (W, m, n + \dim_{\mathbb{C}} V)$$

と定義する．

補題 7.3. V が有限次元の実ベクトル空間または複素ベクトル空間のとき，$\mathfrak{C}$ における標準的な同型

$$\Sigma^{-V} \Sigma^V(W, m, n) \cong (W, m, n) \cong \Sigma^V \Sigma^{-V}(W, m, n)$$

がある．

証明. V を実ベクトル空間とし, 線形同型 $f : V \xrightarrow{\cong} \mathbb{R}^r$ を取る. $\pi_0(GL(r, \mathbb{R}))$ $= \mathbb{Z}_2$ であるから, f の取り方は, ホモトピーを除いて, 2 つある. しかし, 同型 $f \oplus f : V \oplus V \xrightarrow{\cong} \mathbb{R}^{2r}$ のホモトピー類は, f の取り方によらずに決まる.

定義から

$$\mathrm{Mor}_{\mathfrak{C}}(\Sigma^{-V} \Sigma^V (W, m, n), (W, m, n))$$
$$= \mathrm{Mor}_{\mathfrak{C}}((\Sigma^{V \oplus V} W, m + 2r, n), (W, m, n))$$
$$\cong \mathrm{Mor}_{\mathfrak{C}}((\Sigma^{\mathbb{R}^{2r}} W, m + 2r, n), (W, m, n)) \quad (\text{同型 } f \oplus f \text{ を用いた})$$
$$= \lim_{p,q \to \infty} [\Sigma^{\mathbb{R}^{p+2r} \oplus \mathbb{C}^q} W, \Sigma^{\mathbb{R}^{p+2r} \oplus \mathbb{C}^q} W]_{S^1}$$

である. $\Sigma^{\mathbb{R}^{p+2r} \oplus \mathbb{C}^q} W$ の恒等写像で代表される射が, $\Sigma^{-V} \Sigma^V (W, m, n)$ と (W, m, n) の間の同型を与える. また, $\Sigma^V \Sigma^{-V}(W, m, n)$ と (W, m, n) の間の同型も同様である.

次に V を複素ベクトル空間とする. $\pi_0(GL(r, \mathbb{C})) = 0$ であるから, 同型 $f : V \xrightarrow{\cong} \mathbb{C}^r$ の取り方は, ホモトピーを除いて, 一意的に決まる. 上と同様にして, 求める同型を得る. $\qquad\square$

$m \in \mathbb{Z}, n \in \mathbb{Q}$ に対して, (S^0, m, n) を $(\mathbb{R}^{-m} \oplus \mathbb{C}^{-n})^+$ と書く.

$\mathfrak{t}$ が Y の spin 構造のとき, Pin(2) 同変サイバーグ–ウィッテン–フレアー安定ホモトピー型を定義できる. 応用上 Pin(2) 同変で考えることが重要になる. Pin(2) 同変サイバーグ–ウィッテン–フレアー安定ホモトピー型を定義するために, Pin(2) 同変安定ホモトピー圏を定義しておく. $G = \mathrm{Pin}(2)$ とする.

定義 7.4. $\mathfrak{C}_G$ を次で定義される圏とする.

- $\mathfrak{C}_G$ の対象は 3 つ組 (W, m, n) である. ここで, W は基点付き G-CW 複体, $m \in \mathbb{Z}$, $n \in \mathbb{Q}$ である.
- $\mathfrak{C}_G$ の対象 $(W_0, m_0, n_0), (W_1, m_1, n_1)$ に対して, 射の集合を, $n_0 - n_1 \in \mathbb{Z}$ のとき

$$\mathrm{Mor}_{\mathfrak{C}_G}((W_0, m_0, n_0), (W_1, m_1, n_1))$$
$$= \lim_{p,q \to \infty} [\Sigma^{\tilde{\mathbb{R}}^p \oplus \mathbb{H}^q} W_0, \Sigma^{\tilde{\mathbb{R}}^{p+n_0-n_1} \oplus \mathbb{H}^{q+m_0-m_1}} W_1]_G$$

と定義し, $n_0 - n_1 \notin \mathbb{Z}$ のとき,

$$\mathrm{Mor}_{\mathfrak{C}_G}((W_0, m_0, n_0), (W_1, m_1, n_1)) = \varnothing$$

と定義する. $\tilde{\mathbb{R}}$ は実 1 次元の非自明な G 表現である.

前と同様に次の定義をする. V が G 表現空間で, $V \cong \tilde{\mathbb{R}}^r \oplus \mathbb{H}^s$ であるとする. このとき,

$$\Sigma^{-V}(W, m, n) := (\Sigma^{V^{S^1}} W, m + 2r, n + s) \in \mathrm{Ob}\, \mathfrak{C}_G$$

とおく．V^{S^1} は S^1 不動点からなる部分空間である．また，$q \in \mathbb{Q}$ に対して，

$$\Sigma^{-q\mathbb{H}}(W, m, n) := (W, m, n+q) \in \mathrm{Ob}\,\mathfrak{C}_G$$

とする．また，(S^0, m, n) を $(\tilde{\mathbb{R}}^{-m} \oplus \mathbb{H}^{-n})^+$ と書く．

7.2　サイバーグ–ウィッテン–フレアー安定ホモトピー型の構成

サイバーグ–ウィッテン–フレアー安定ホモトピー型の構成を説明する．$Y \times \mathbb{R}$ 上のサイバーグ–ウィッテン方程式 (6.3) を（形式的に）無限次元上の流れとみなす．この流れを有限次元近似し，第3章で説明したコンレイの理論を適用することで，フレアーホモトピー型を定義する．$b_1(Y) = 0$ の場合は，マノレスク[48]によって構成された．$b_1(Y) > 0$ の場合は，本質的な困難があり，構成はより難しくなる．この場合は，クロンハイマー–マノレスク[40]，カンドハウイット–リン–笹平[36]，笹平–ストフレゲン[65]によって構成が行われた．本書では $b_1(Y) = 0$ の場合に説明する．

Y を向きの付いた閉3次元多様体とする．$g, \mathfrak{t}$ を Y のリーマン計量と spin^c 構造とする．また，ここでは $b_1(Y) = 0$ と仮定する．Y 上の平坦 spin^c 接続 A_0 を取る（ゲージ変換を除いて，A_0 の選び方は一意である）．S をスピノール束とする．チャーン–サイモンズ–ディラック汎関数 CSD は $\mathcal{C}(Y, \mathfrak{t}) = i\Omega^1(Y) \oplus \Gamma(S)$ 上の汎関数として定義された（6.2節を参照）．バウアー–古田不変量を定義するときに，(5.7) でクーロンゲージを取ったのと同様，ここでもクーロンゲージを取る．

$$V = \ker(d^* : i\Omega^1(Y) \to i\Omega^0(Y)) \oplus \Gamma(S).$$

（非線形）**クーロン射影**

$$\Pi_C : \mathcal{C}(Y, \mathfrak{t}) \to V$$

を

$$\Pi_C(a, \phi) = (e^{\xi(a)})^*(a, \phi) = (a - d\xi(a), e^{\xi(a)}\phi)$$

より定義する．ここで，$\xi(a) : Y \to i\mathbb{R}$ は次の方程式のただ1つの解である．

$$\Delta\xi(a) = d^*a, \quad \int_Y \xi(a)d\mu = 0.$$

この方程式がただ1つの解を持つことはホッジ分解を考えるとわかる．サイバーグ–ウィッテン–フレアー安定ホモトピー型を定義するのに用いる方程式は，$\gamma = (a, \phi) : \mathbb{R} \to V$ に対する次の方程式である．

$$\frac{\partial \gamma}{\partial t}(t) = -\Pi_{C*} \operatorname{grad} CSD(\gamma(t)).$$

ここで，Π_{C*} は $\gamma(t)$ における Π_C の微分である．直接計算から上の方程式は次のように書ける．

$$\frac{\partial a}{\partial t}(t) = - * (da(t) + q(\phi(t)) + d\xi(q(\phi))),$$
$$\frac{\partial \phi}{\partial t}(t) = -\slashed{D}_{A_0}\phi(t) - \rho(a(t))\phi(t) - \xi(q(\phi(t)))\phi(t).$$

ここで，

$$l(a,\phi) = (*da, D_{A_0}\phi),$$
$$c(a,\phi) = (q(\phi(t)) - d\xi(q(\phi(t))), \rho(a)\phi + \xi(q(\phi))\phi) \tag{7.1}$$

とおくと，方程式は

$$\gamma : \mathbb{R} \to V,$$
$$\frac{\partial \gamma}{\partial t}(t) = -(l + c)(\gamma(t)) \tag{7.2}$$

と書ける．この方程式は，V の適当な計量に関する CSD の勾配曲線の方程式とみることができる（この事実は本書では用いない．詳しくは論文[36]を見よ）．

直接的な計算により次が示せる．

補題 7.5. (6.3) の解 $\check{\gamma}$ に対して，$\gamma(t) := \Pi_C \check{\gamma}(t)$ とおくと，γ は (7.2) の解になる．逆に γ が (7.2) の解だとする．$\check{\gamma}(t) := (e^{\int_0^t \xi(q(\phi))})^*(\gamma(t))$ とおくと，$\check{\gamma}$ は (6.3) の解になる．ただし，$(e^{\int_0^t \xi(q(\phi))})^*$ は $e^{\int_0^t \xi(q(\phi))}$ による Y 上でのゲージ変換を表す．また，

$$CSD(\gamma(t)) = CSD(\check{\gamma}(t))$$

である．

また，Π_C に関して，次の補題が成り立つ．

補題 7.6. $f : Y \to i\mathbb{R}$ を滑らかな関数とする．また，$(a,\phi) \in \mathcal{C}(Y, \mathfrak{t})$ に対して，$\Pi_C(a,\phi) = (a', \phi')$ とする．このとき，

$$\Pi_C((e^f)^*(a,\phi)) = (a', e^{-\frac{1}{\operatorname{Vol}(Y,g)} \int_Y f d\mu} \phi')$$

である．ここで，$\operatorname{Vol}(Y,g)$ は g に関する Y の体積である．特に，$k \geqslant 0$ に対して

$$\|\Pi_C((e^f)^*(a,\phi))\|_{L_k^2(Y)} = \|\Pi_C(a,\phi)\|_{L_k^2(Y)}.$$

証明. $(e^f)^*(a,\phi) = (a - df, e^f \phi)$ であった．また，$\xi(a - 2df) : Y \to i\mathbb{R}$ は ξ に対する次の方程式のただ 1 つの解である．

$$\Delta\xi = d^*(a - df), \quad \int_Y \xi(a - df)d\mu = 0.$$

$\xi' := \xi(a) - f + \frac{1}{\mathrm{Vol}(Y,g)}\int_Y f d\mu$ とおくと，この方程式を満たすことがわかる．よって $\xi(a - df) = \xi(a) + f - \frac{1}{\mathrm{Vol}(Y,g)}\int_Y f d\mu$ である．ゆえに

$$
\begin{aligned}
\Pi_C((e^f)^*(a,\phi)) &= (e^{\xi(a-df)})^*(e^f)^*(a,\phi) \\
&= (e^{\xi(a)-f-\frac{1}{\mathrm{Vol}(Y,g)}\int_Y f d\mu})^*(e^f)^*(a,\phi) \\
&= (e^{-\frac{1}{\mathrm{Vol}(Y,g)}\int_Y f d\mu})^*(e^{\xi(a)})^*(a,\phi) \\
&= (a', e^{-\frac{1}{\mathrm{Vol}(Y,g)}\int_Y f d\mu}\phi').
\end{aligned}
$$

$\square$

$Y \times \mathbb{R}$ 上のサイバーグ–ウィッテン方程式は次のコンパクト性を持つ．

定理 7.7. k を任意の非負実数とする．$b_1(Y) = 0$ と仮定する．ある定数 $R_0 > 0$ があり，次の主張が成立する．$\check{\gamma}: \mathbb{R} \to \mathcal{C}(Y, t)$ はサイバーグ–ウィッテン方程式 (6.3) の解で，$CSD(\check{\gamma}(t))$ は有界とする．このとき，任意の $s \in \mathbb{R}$ に対して，ある滑らかな関数 $f: Y \times [s-1, s+1] \to i\mathbb{R}$ があり，

$$\|(e^f)^*\check{\gamma}\|_{L_k^2(Y \times [s-1,s+1])} \leqslant R_0.$$

ここでの $(e^f)^*$ は 4 次元上のゲージ変換を表す．

これは，クロンハイマー–ミュロフカの本[41]の Theorem 5.1.1, Lemma 16.3.2, Lemma 16.4.4 から従う．

補題 7.5，補題 7.6，定理 7.7 より次を得る．

系 7.8. $b_1(Y) = 0$ と仮定する．$k \geqslant 0$ とする．ある定数 $R_0 > 0$ が存在して次が成り立つ．$\gamma: \mathbb{R} \to V$ を方程式 (7.2) の解で，$CSD(\gamma(t))$ は有界であるとする．このとき，すべての $t \in \mathbb{R}$ に対して，

$$\|\gamma(t)\|_{L_k^2(Y)} \leqslant R_0$$

となる．また

$$\|\gamma\|_{L_k^2(Y \times [s-1,s+1])} \leqslant R_0$$

となる．

方程式 (7.2) の有限次元近似を次のように取る．l は V 上の（L^2 内積に関して）自己共役な作用素で，V を l の固有空間に分解できる．

$$V = \bigoplus_\lambda V_\lambda.$$

λ は l の固有値を動く．また，固有値はすべて実数である．

$\lambda, \mu \in \mathbb{R}, \lambda < \mu$ に対して V_λ^μ を区間 $(\lambda, \mu]$ に固有値が属する固有ベクトルで張られる V の部分空間とする．楕円型微分作用素の一般論により，V_λ^μ は有限次元である（ローソン–マイケルソンの本[42]の Chapter III, Theorem 5.8 を参照）．$p_\lambda^\mu : V \to V_\lambda^\mu$ を L^2-射影とする．$R > R_0$ となる正の実数 R を取る．R_0 は系 7.8 の実数である．$B(V, R) := \{y \in V \,\|\,\|y\|_{L_k^2(Y)} \leqslant R\}$ とし，滑らかな関数 $\chi : V \to [0, 1]$ で次の条件を満たすものを取る．

$$\chi \equiv 1 \quad B(V, R) \text{ 上,}$$
$$\mathrm{supp}(\chi) \subset B(V, 2R).$$

方程式 (7.2) の有限次元近似として，次の方程式を考える．

$$\gamma : \mathbb{R} \to V_\lambda^\mu,$$
$$\frac{\partial \gamma}{\partial t}(t) = -\chi(\gamma(t))(l + p_\lambda^\mu c)(\gamma(t)). \tag{7.3}$$

方程式 (7.3) から V_λ^μ 上の流れ

$$\varphi_\lambda^\mu : V_\lambda^\mu \times \mathbb{R} \to V_\lambda^\mu$$

を得る．φ_λ^μ にコンレイの理論を適用するために次を示す．

定理 7.9. $b_1(Y) = 0$ と仮定する．$\lambda \ll 0, \mu \gg 0$ に対して，$B(V_\lambda^\mu, R)$ は流れ φ_λ^μ に関して，孤立化近傍である．

この定理の証明では次を用いる．

命題 7.10. $a, b \in \mathbb{R}, a < b$ とする．列 $\gamma_n : [a, b] \to L_k^2(i\Omega^1(Y) \oplus \Gamma(S))$ が $L_k^2(Y)$ ノルムに関して一様有界，かつ $L^2(Y)$ ノルムに関して同程度連続とする．このとき，ある $\gamma : [a, b] \to L_k^2(i\Omega^1(Y) \oplus \Gamma(S))$ が存在して，適当に部分列を取ると，γ_n は γ に，$L_{k-1}^2(Y)$ ノルムで一様収束する．

証明. $\{q_1, q_2, \dots\}$ を $[a, b]$ 内の有理数全体の集合とする．各 q_l に対して，$\gamma_n(q_l)$ は L_k^2 に関して有界であるから，レリッヒの補題から，適当に部分列を取ると，$\gamma_n(q_l)$ は $n \to \infty$ で $L_{k-1}^2(Y)$ に関して収束する．対角線論法により，適当な部分列 $\gamma_{n(i)}$ を取ると，すべての q_l に対して $\gamma_{n(i)}(q_l)$ は $i \to \infty$ のとき $L_{k-1}^2(Y)$ で収束する．

$\epsilon > 0$ を任意に取る．γ_n は L^2 に関して同程度連続であるから，任意の $t \in [a, b]$ に対して，ある q_l が存在し，すべての $n(i)$ に対して

$$\|\gamma_{n(i)}(t) - \gamma_{n(i)}(q_l)\|_{L^2(Y)} < \epsilon$$

となる．よって，

$$\|\gamma_{n(i)}(t) - \gamma_{n(j)}(t)\|_{L^2(Y)}$$

$$\leqslant \|\gamma_{n(i)}(t) - \gamma_{n(i)}(q_l)\|_{L^2(Y)} + \|\gamma_{n(i)}(q_l) - \gamma_{n(j)}(q_l)\|_{L^2(Y)}$$

$$+ \|\gamma_{n(j)}(q_l) - \gamma_{n(j)}(t)\|_{L^2(Y)}$$

$$\leqslant \|\gamma_{n(i)}(q_l) - \gamma_{n(j)}(q_l)\|_{L^2(Y)} + 2\epsilon.$$

よって，各 $t \in [a, b]$ に対して，$\gamma_{n(i)}(t)$ は $L^2(Y)$ ノルムでコーシー列になる．ゆえにある

$$\gamma : [a, b] \to L^2(i\Omega^1(Y) \oplus \Gamma(S))$$

が存在して，$\gamma_{n(i)}$ は $L^2(Y)$ ノルムで γ に各点収束する．

$\gamma_{n(i)}$ が γ に $L^2(Y)$ ノルムで一様収束することを示す．γ_n は $L^2(Y)$ ノルムに関して同程度連続であるから，任意の $\epsilon > 0$ に対して，ある $\delta > 0$ を取ると $|t - t'| < \delta$ のとき，任意の $n(i)$ に対して

$$\|\gamma_{n(i)}(t) - \gamma_{n(i)}(t')\|_{L^2(Y)} < \epsilon.$$

$i \to \infty$ として

$$\|\gamma(t) - \gamma(t')\|_{L^2(Y)} \leqslant \epsilon$$

を得る．有限個の $\{q_1, \ldots, q_N\}$ を選んで，任意の $t \in [a, b]$ に対して，ある q_l $(l \in \{1, \ldots, N\})$ があって $|t - q_l| < \delta$ となる．i が十分大きいとき，

$$\|\gamma_{n(i)}(t) - \gamma(t)\|_{L^2(Y)}$$

$$\leqslant \|\gamma_{n(i)}(t) - \gamma_{n(i)}(q_l)\|_{L^2(Y)} + \|\gamma_{n(i)}(q_l) - \gamma(q_l)\|_{L^2(Y)} + \|\gamma(q_l) - \gamma(t)\|_{L^2(Y)}$$

$$\leqslant 3\epsilon$$

となる．i の選び方は t に依存していない．したがって，$\gamma_{n(i)}$ は $L^2(Y)$ ノルムで γ に一様収束する．

$\gamma_{n(i)}$ が γ に $L^2_{k-1}(Y)$ ノルムで一様収束することを示す．$t \in [a, b]$ を取る．仮定から，$\gamma_{n(i)}(t)$ は $L^2_k(Y)$ ノルムに関して有界であるから，レリッヒの補題により，適当に部分列を取って，$\gamma_{n(i)}(t)$ は $\tilde{\gamma}(t) \in L^2_{k-\frac{1}{2}}(Y)$ に $L^2_{k-\frac{1}{2}}(Y)$ ノルムで収束する．さらに

$$\|\gamma(t) - \tilde{\gamma}(t)\|_{L^2(Y)}$$

$$\leqslant \|\gamma(t) - \gamma_{n(i)}(t)\|_{L^2(Y)} + \|\gamma_{n(i)}(t) - \tilde{\gamma}(t)\|_{L^2(Y)}$$

$$\to 0 \quad (i \to \infty)$$

よって，$\|\gamma(t) - \tilde{\gamma}(t)\|_{L^2(Y)} = 0$ となり $\gamma(t) = \tilde{\gamma}(t)$．したがって，$\gamma$ は $[a, b] \to L^2_{k-\frac{1}{2}}(Y)$ と考えてよい．さらに，$\|\gamma(t)\|_{L^2_{k-\frac{1}{2}}(Y)}$ は t に関して一様に有界である．もし，$\gamma_{n(i)}$ が γ に $L^2_{k-1}(Y)$ ノルムで一様収束してないとすると，$\epsilon_0 > 0, t_i \in [a, b]$ が存在して，

$$\|\gamma_{n(i)}(t_i) - \gamma(t_i)\|_{L^2_{k-1}(Y)} \geqslant \epsilon_0 \tag{7.4}$$

となる．部分列を取って，$t_i \to t_\infty$ としてよい．$\gamma_{n(i)}(t_i), \gamma(t_i)$ は $L^2_{k-\frac{1}{2}}(Y)$ ノルムに関して有界であるから，部分列を取ると $L^2_{k-1}(Y)$ ノルムで α, β へ収束する．さらに $\gamma_{n(i)}$ は γ に $L^2(Y)$ ノルムで一様収束するから，$\gamma_{n(i)}(t_i), \gamma(t_i)$ はともに $L^2(Y)$ ノルムで $\gamma(t_\infty)$ に収束する．ゆえに，$\alpha = \beta = \gamma(t_\infty)$．したがって $\gamma_{n(i)}(t_i), \gamma(t_i)$ はともに $L^2_{k-1}(Y)$ ノルムで $\gamma(t_\infty)$ に収束する．特に

$$\|\gamma_{n(i)}(t_i) - \gamma(t_i)\|_{L^2_{k-1}(Y)} \to 0.$$

これは (7.4) に矛盾．よって，$\gamma_{n(i)}$ は γ に $L^2_{k-1}(Y)$ ノルムで一様収束する． $\square$

定理 7.9 の証明

主張が正しくないとすると，列 $\lambda_n \to -\infty$，$\mu_n \to \infty$ が存在して，$\mathrm{Inv}(B(V^{\mu_n}_{\lambda_n}, R)), \varphi^{\mu_n}_{\lambda_n}) \cap \partial B_R(V^{\mu_n}_{\lambda_n}) \neq \emptyset$．よって，方程式 (7.3) の解 $\gamma_n : \mathbb{R} \to V^\mu_\lambda$ が存在して，

$$\|\gamma_n(t)\|_{L^2_k(Y)} \leqslant R \quad (\forall t \in \mathbb{R}), \quad \|\gamma_n(0)\|_{L^2_k(Y)} = R \tag{7.5}$$

となる．微分積分学の基本定理から

$$
\begin{aligned}
&\|\gamma_n(t_1) - \gamma_n(t_0)\|_{L^2(Y)} \\
&= \left\| \int_{t_0}^{t_1} \frac{\partial \gamma_n}{\partial t}(t)dt \right\|_{L^2(Y)} \\
&\leqslant \int_{t_0}^{t_1} \|(l + p^\mu_\lambda c)\gamma_n(t)\|_{L^2(Y)} \, dt \\
&\leqslant \mathrm{const} \int_{t_0}^{t_1} \|\gamma_n(t)\|_{L^2_1(Y)} + \|\gamma_n(t)\|^2_{L^2} dt \\
&\leqslant \mathrm{const}\, R^2 |t_1 - t_0|
\end{aligned}
$$

ここで，const は正の定数である．よって，γ_n は L^2 に関して同程度連続．また，(7.5) より $L^2_k(Y)$ ノルムに関して一様有界．命題 7.10 より，任意の $T > 0$ に対して，制限 $\gamma_n|_{[-T,T]}$ は適当に部分列を取ると，ある $\gamma^{(T)} : [-T, T] \to L^2_{k-1}(V)$ へ $L^2_{k-1}(Y)$ ノルムで一様収束する．対角線論法から，ある $\gamma : \mathbb{R} \to L^2_{k-1}(V)$ が存在し，$\mathbb{R}$ の各コンパクト集合上で，γ_n のある部分列は γ へ $L^2_{k-1}(Y)$ ノルムで一様収束する．

$$\gamma_n(t) - \gamma_n(0) = \int_0^t \frac{\partial \gamma_n}{\partial s}(s)ds = -\int_0^t (l + p^\mu_\lambda c)(\gamma_n(s))ds$$

の両辺で $n \to \infty$ とすると，

$$\gamma(t) - \gamma(0) = -\int_0^t (l + c)(\gamma(s))ds$$

となる. 微分して

$$\frac{\partial \gamma}{\partial t}(t) = -(l+c)\gamma(t)$$

となり, γ はサイバーグ–ウィッテン方程式の解である. $\|\gamma(t)\|_{L^2_{k-1}(Y)} \leqslant R$ だから, $CSD(\gamma(t))$ は有界である.

$\gamma_n \in \Omega^1(Y \times \mathbb{R}) \oplus \Gamma(\pi^*S)$ と考える. ここで, $\pi : Y \times \mathbb{R} \to Y$ は射影. $Y \times \mathbb{R}$ 上の外微分を $\hat{d}$, π^*A_0 に付随したディラック作用素を $\hat{\slashed{D}}_{\pi^*A_0}$ と表す. このとき,

$$\left((\hat{d}^* + \hat{d}) \oplus \hat{\slashed{D}}_{\pi^*A_0}\right)\gamma_n = \left(\frac{\partial}{\partial t} + l\right)\gamma_n = -p_\lambda^\mu c(\gamma_n)$$

となる. γ についても同様.

系 7.8 より, 任意の $\ell \geqslant 0$ に対して, ある $C_\ell > 0$ が存在して, $\|\gamma\|_{L^2_\ell(Y \times [-2,2])} \leqslant C_\ell$ である. よって, $\lambda \to -\infty$, $\mu \to \infty$ のとき, $p_\lambda^\mu c(\gamma)$ は, $c(\gamma)$ に $L^2_\ell(Y \times [-2,2])$ 内で収束する.

$(\hat{d}^* + \hat{d}) \oplus \hat{\slashed{D}}_{\pi^*A_0}$ は $Y \times \mathbb{R}$ 上の楕円型 1 階の微分作用素に対する, 楕円型評価から

$$\|\gamma_n - \gamma\|_{L^2_1(Y \times [-1,1])}$$
$$\leqslant \mathrm{const}\left(\|\gamma_n - \gamma\|_{L^2(Y \times [-2,2])}\right.$$
$$\left. + \left\|\left((\hat{d}^* + \hat{*}\hat{d}) \oplus \hat{\slashed{D}}_{A_0}\right)(\gamma_n - \gamma)\right\|_{L^2(Y \times [-2,2])}\right)$$
$$\leqslant \mathrm{const}\left(\|\gamma_n - \gamma\|_{L^2(Y \times [-2,2])} + \|p_{\lambda_n}^{\mu_n}(c(\gamma_n) - c(\gamma))\|_{L^2(Y \times [-2,2])}\right.$$
$$\left. + \|(1 - p_{\lambda_n}^{\mu_n})c(\gamma)\|_{L^2(Y \times [-2,2])}\right)$$
$$\to 0 \quad (n \to \infty).$$

ここで, const は正の定数である. したがって, γ_n は $L^2_1(Y \times [-1,1])$ ノルムで γ に収束する.

再び, 楕円型評価から

$$\|\gamma_n - \gamma\|_{L^2_2(Y \times [-1,1])}$$
$$\leqslant \mathrm{const}\left(\|\gamma_n - \gamma\|_{L^2(Y \times [-2,2])}\right.$$
$$\left. + \left\|\left((\hat{d}^* + \hat{*}\hat{d}) \oplus \hat{\slashed{D}}_{A_0}\right)(\gamma_n - \gamma)\right\|_{L^2_1(Y \times [-2,2])}\right)$$
$$\leqslant \mathrm{const}\left(\|\gamma_n - \gamma\|_{L^2(Y \times [-2,2])} + \|p_\lambda^\mu(c(\gamma_n) - c(\gamma))\|_{L^2_1(Y \times [-2,2])}\right.$$
$$\left. + \|(1 - p_{\lambda_n}^{\mu_n})c(\gamma)\|_{L^2_1(Y \times [-2,2])}\right)$$

となり, γ_n は γ に $L^2_2(Y \times [-2,2])$ ノルムで収束する. これを繰り返して, 任意の整数 $m > 0$ に対して, γ_n は γ に $L^2_m(Y \times [-2,2])$ ノルムで収束する.

$m \geqslant k + \frac{1}{2}$ に対して，制限写像

$$L_m^2(Y \times [-2, 2]) \to L_k^2(Y \times \{0\})$$

は連続であるから[73, Chapter 4, Proposition 4.5]，$\gamma_n(0)$ は $\gamma(0)$ に L_k^2 ノルムで収束する．特に $\|\gamma(0)\|_{L_k^2(Y)} = R$ を得る．これは系 7.8 に矛盾する．　　□

命題 7.11. $\lambda' < \lambda \ll 0$, $\mu' > \mu \gg 0$ とする．(N, L) を $\mathrm{Inv}(B(V_\lambda^\mu, R)$ の S^1 同変指数対，(N', L') を $\mathrm{Inv}(B(V_{\lambda'}^{\mu'}, R))$ の S^1 同変指数対とする．このとき，S^1 ホモトピー同値

$$N'/L' \sim (N/L) \wedge (V_{\lambda'}^\lambda)^+$$

がある．

証明. $V_{\lambda'}^{\mu'}$ 上のベクトル場の族

$$\chi \cdot (l + (1 - s)p_{\lambda'}^{\mu'} + sp_\lambda^\mu) \quad (0 \leqslant s \leqslant 1)$$

が定義する $V_{\lambda'}^{\mu'}$ 上の流れの族 $\varphi_{\lambda', s}^{\mu'}$ を考える．$B(V_{\lambda'}^{\mu'}, R)$ は $\varphi_{\lambda', s}^{\mu'}$ の孤立化近傍になっていることが，定理 7.9 と同様に示せる．定理 3.8 より主張を得る．　　□

定理 7.9 より，$\lambda, \mu \in \mathbb{R}$, $\lambda \ll 0, \mu \gg 0$ に対して，$\mathrm{Inv}(B(V_\lambda^\mu, R), \varphi_\lambda^\mu)$ のコンレイ指数を考えることができる．基本的にサイバーグ–ウィッテン–フレアー安定ホモトピー型は，このコンレイ指数として定義されるが，Y のリーマン計量に依存しなように定義するために，次のように定義される有理数 $n(Y, \mathfrak{t}, g)$ が必要である．$(X, \mathfrak{s})$ をコンパクトで滑らかな 4 次元 spin^c 多様体で，境界 $(Y, \mathfrak{t})$ であるとする（このような $(X, \mathfrak{s})$ は常に存在することが知られている）．このとき，$\hat{g}$ を X のリーマン計量で，Y に制限すると g, $\hat{A}_0$ を X 上の spin^c 接続で，Y へ制限すると A_0 であるとする．

$$n(Y, \mathfrak{t}, g) := \mathrm{ind}(\hat{\slashed{D}}_{\hat{A}_0} \oplus p^0 r) - \frac{c_1(\mathfrak{s})^2 - \sigma(X)}{8} \in \mathbb{Q} \tag{7.6}$$

とおく．ここで，$\sigma(X)$ は X の交叉形式の符号数，$\hat{\slashed{D}}_{\hat{A}_0} : \Gamma(S^+) \to \Gamma(S^-)$ は X 上のディラック作用素で，$r : \Gamma(S^+) \to \Gamma(S)$ は，X の境界 Y への制限である．

$$\hat{\slashed{D}}_{\hat{A}_0} \oplus p^0 r : L_1^2(\Gamma(S^+)) \to L^2(\Gamma(S^-)) \oplus L_{\frac{1}{2}}^2(\Gamma(S)^0)$$

はフレドホルム作用素になり，$\mathrm{ind}(\slashed{D}_{\hat{A}_0} \oplus p^0 r) \in \mathbb{Z}$ はその指数である．ここで，$L_{\frac{1}{2}}^2(S)^0$ は $\slashed{D}_{A_0}$ の固有値が 0 以下であるような固有ベクトルで張られる $L_{\frac{1}{2}}^2(S)$ の部分空間である．

補題 7.12. 有理数 $n(Y, \mathfrak{t}, g)$ は $(X, \mathfrak{s})$, $\hat{g}$, $\hat{A}_0$ の取り方に依存せず，$(Y, \mathfrak{t}, g)$ に

のみ依存する．

証明. 別の $(X', \mathfrak{s}')$, $\hat{g}'$, $\hat{A}_0'$ を取る．4 次元閉多様体

$$W := X \cup_Y (-X)$$

を考える $\mathfrak{s}, \mathfrak{s}', \hat{g}, \hat{g}', \hat{A}_0, \hat{A}_0'$ を Y に沿って貼り合わせて，W の spin^c 構造 $\mathfrak{s}_W$，リーマン計量 g_W，spin^c 接続 $\hat{A}_W$ を得る．このとき，指数の和公式[21, Section 3.3] から

$$\operatorname{ind} \hat{\slashed{D}}_{\hat{A}_W} = \operatorname{ind}(\hat{\slashed{D}}_{\hat{A}_0} \oplus p^0 r) - \operatorname{ind}(\hat{\slashed{D}}_{\hat{A}_0'} \oplus p^0 r) \tag{7.7}$$

となる．

また指数定理から

$$\begin{aligned}
\operatorname{ind} \hat{\slashed{D}}_{\hat{A}_W} &= \frac{c_1(\mathfrak{s}_W)^2 - \sigma(W)}{8} \\
&= \frac{c_1(\mathfrak{s})^2 - \sigma(X)}{8} - \frac{c_1(\mathfrak{s}')^2 - \sigma(X')}{8}.
\end{aligned} \tag{7.8}$$

(7.7) と (7.8) より主張を得る． $\square$

定義 7.13. $(Y, \mathfrak{t})$ を 3 次元閉 spin^c 多様体とする．$b_1(Y) = 0$ と仮定する．サイバーグ–ウィッテン–フレアー安定ホモトピー型を

$$SWF(Y, \mathfrak{t}) = \Sigma^{-(V_\lambda^0 \oplus \mathbb{C}^{n(Y, \mathfrak{t}, g)})}(N/L) \in \operatorname{Ob} \mathfrak{C}$$

により定義する．ただし，$\lambda \ll 0, \mu \gg 0$, (N, L) は孤立不動集合 $\operatorname{Inv}(B(V_\lambda^\mu, R), \varphi_\lambda^\mu)$ の S^1 同変指数対である．

定理 7.14. $SWF(Y, \mathfrak{t})$ は，$\mathfrak{C}$ における標準的な同型を除いて，$g, \lambda, \mu, (N, L)$ の取り方に依存しない，$(Y, \mathfrak{t})$ の不変量である．

この定理の証明は 7.4 節で行う．命題 7.11 より λ, μ には依存しないことはわかる．

5.8 節で見たように spin 4 次元多様体上のサイバーグ–ウィッテン方程式は Pin(2) 同変であり，応用上重要であった．$G := \operatorname{Pin}(2)$ とおく．3 次元の場合も同様にサイバーグ–ウィッテン方程式は G 同変になる．$\mathfrak{t}$ が Y の spin 構造で，A_0 は spin 接続であるとする．Y 上のスピノール束 S は四元数ベクトル束である．V_λ^μ に G 作用が (5.11) と同様に定義される．このとき，流れ φ_λ^μ は G 同変になる．G 同変コンレイ理論を φ_λ^μ に適用して，G 同変サイバーグ–ウィッテン–フレアー安定ホモトピー型が定義される．

定義 7.15. $(Y, \mathfrak{t})$ を 3 次元閉 spin 多様体とする．$b_1(Y) = 0$ と仮定する．このとき，G 同変サイバーグ–ウィッテン–フレアー安定ホモトピー型を

$$SWF(Y, \mathfrak{t}) := \Sigma^{-(V_\lambda^0 \oplus \mathbb{H}^{\frac{1}{2} n(Y, \mathfrak{t}, g)})}(N/L) \in \mathfrak{C}_G$$

により定義する．ここで，$\lambda \ll 0, \mu \gg 0$ であり，(N, L) は $\mathrm{Inv}(B(V_\lambda^\mu, R), \varphi_\lambda^\mu)$ の G 同変指数対である．

定理 7.16. G 同変サイバーグ–ウィッテン–フレアー安定ホモトピー型 $SWF(Y, \mathfrak{t})$ は，$\mathfrak{C}_G$ における標準的な同型を除いて，$g, \lambda, \mu, (N, L)$ の取り方に依存しない，$(Y, \mathfrak{t})$ の不変量である．

リドマン–マノレスク[45]により，サイバーグ–ウィッテン–フレアー安定ホモトピー型のホモロジーを取ると，サイバーグ–ウィッテン–フレアーホモロジー（6.2 節）が再現されることが示されている．この意味で，サイバーグ–ウィッテン–フレアー安定ホモトピー型はサイバーグ–ウィッテン–フレアーホモロジーの精密化である．

定理 7.17（リドマン–マノレスク[45]）．次の同型がある．

$$\tilde{H}_*^{S^1}(SWF(Y, \mathfrak{t}); \mathbb{Z}) \cong \widetilde{HM}_*(Y, \mathfrak{t}),$$
$$c\tilde{H}_*(SWF(Y, \mathfrak{t}); \mathbb{Z}) \cong \widehat{HM}(Y, \mathfrak{t}),$$
$$t\tilde{H}_*(SWF(Y, \mathfrak{t}), \mathbb{Z}) \cong \overline{HM}(Y, \mathfrak{t}).$$

$-Y$ を Y の向きを逆にした多様体とする．このとき，Y チャーン–サイモンズ–ディラック汎関数 CSD_Y, $-Y$ チャーン–サイモンズ–ディラック汎関数 CSD_{-Y} は次の等式を満たす．

$$CSD_Y = -CSD_{-Y}.$$

このことから，$Y, -Y$ 上のサイバーグ–ウィッテン方程式から定義される流れについて次が成り立つ．

$$\varphi_{-\mu, -Y}^{-\lambda} = -\varphi_{\lambda, Y}^\mu$$

ここで，$-\varphi_{\lambda, Y}^\mu$ は $\varphi_{\lambda, Y}^\mu$ の逆向きの流れである．

$$-\varphi_{\lambda, Y}^\mu(y, t) = \varphi_{\lambda, Y}^\mu(y, -t).$$

このことから，定理 3.25 と同様に次が成り立つ．また，論文[37]の 4.4 節を見よ．

定理 7.18. $SWF(Y, \mathfrak{t})$ と $SWF(-Y, \mathfrak{t})$ はスパニエル–ホワイトヘッド双対である．つまり，$\mathfrak{C}$ における射

$$\delta : SWF(Y, \mathfrak{t}) \wedge SWF(-Y, \mathfrak{t}) \to S^0$$

と

$$\eta : S^0 \to SWF(Y, \mathfrak{t}) \wedge SWF(-Y, \mathfrak{t})$$

があり，定義 3.23 における条件と同様の条件を満たす.

7.3　境界付き 4 次元多様体の相対バウアー–古田不変量

X を連結，コンパクトな向きのついた境界付き 4 次元多様体とする. $\partial X = Y = \coprod_{i=1}^{b_0(Y)} Y_i$ とする. Y_i は Y の連結成分である. また，$b_1(Y) = 0$ と仮定する. X の spin^c 構造 $\mathfrak{s}$ を取る. サイバーグ–ウィッテン–フレアー安定ホモトピー型を用いれば，5.4 節で定義されたバウアー–古田不変量を境界付き多様体 X に対して定義することができる. これを相対バウアー–古田不変量という. $b_1(X) = 0$ の場合は，相対バウアー–古田不変量は 7.1 節で定義した圏 $\mathfrak{C}$ の射

$$\Phi_X(\mathfrak{s}) : \left(\mathbb{C}^{\frac{c_1(\mathfrak{s})^2 - \sigma(X)}{8}} \right)^+ \to \Sigma^{\mathbb{R}^{b^+(X)}} SWF(Y, \mathfrak{t})$$

として定義される. $b_1(Y) = 0$ のときに，この構成を行ったのはマノレスク[48]である. $b_1(Y) > 0$ の場合は，カンドハウィット–リン–笹平[37]，笹平–ストフレゲン[65]により行われた.

X の spin^c 構造 $\mathfrak{s}$，リーマン計量 $\hat{g}$，spin^c 接続 $\hat{A}_0$ を取る. $\hat{A}_0$ の Y への制限は平坦接続 A_0 であるとする. 相対バウアー–古田不変量を定義するためには，X 上のサイバーグ–ウィッテン方程式に適当な境界条件を課す必要がある. その条件は**ダブルクーロン条件**と呼ばれるもので，カンドハウィット[35]によって導入された.

X 上の 1-微分形式 $\hat{a} \in i\Omega^1(X)$ に対する次の条件をダブルクーロン条件という.

$$\begin{cases} \hat{d}^* \hat{a} = 0, \\ d^*(\hat{a}|_Y) = 0, \\ \displaystyle \int_{Y_i} (\iota_\nu \hat{a}) d\mu = 0 \quad (i = 1, \ldots, b_0(Y)). \end{cases} \tag{7.9}$$

ここで，$\hat{d}$ は X 上の外微分，$\hat{d}^*$ はその共役作用素，ν は Y 上の外向き法線ベクトル，ι_ν は ν による縮約である. ダブルクーロン条件を満たす 1-微分形式の空間を $\Omega^1_{CC}(X)$ と書く.

命題 7.19. 次の（$L^2(X)$-直交ではない）直和分解がある.

$$\Omega^1(X) = \Omega^1_{CC}(X) \oplus d\Omega^0(X).$$

証明はカンドハウィットの論文[35]を見よ.

X 上の $\hat{A}_0$ を用いて，spin^c 接続全体の空間を $i\Omega^1(X)$ と同一視する. $\hat{A}_0$ の境界 Y への制限は平坦接続とする. この命題から $(\hat{a}, \hat{\phi}) \in i\Omega^1(X) \oplus \Gamma(S^+)$

に対して，ただ1つのゲージ変換 $e^f, f : X \to i\mathbb{R}$ が存在して，

$$(e^f)^*(\hat{a}, \hat{\phi}) = (\hat{a} - df, e^f \hat{\phi}) \in i\Omega^1_{CC}(X) \oplus \Gamma(S^+),$$

$$\int_X f d\mu = 0$$

となる．

　以後，記号を簡単にするため，$b_1(X) = 0$ と仮定する．バウアー–古田不変量を定義するためには，サイバーグ–ウィッテン方程式のコンパクト性が重要である．

定理 7.20. $b_1(X) = 0, b_1(Y) = 0$ と仮定する．$k \geqslant 4$ とする．定数 $R_1 > 0$ が存在して，次が成り立つ．$x = (\hat{a}, \hat{\phi}) \in i\Omega^1_{CC}(X) \oplus \Gamma(S^+)$ が X 上のサイバーグ–ウィッテン方程式の解，また，

$$\gamma : [0, \infty) \to V$$

は方程式 (7.2) の解とする．$CSD(\gamma(t))$ が $[0, \infty)$ 上の関数として有界で，

$$r(x) = \gamma(0)$$

が満たされているとする．このとき，

$$\|x\|_{L^2_k(X)} \leqslant R_1, \quad \|\gamma(t)\|_{L^2_{k-\frac{1}{2}}(Y)} \leqslant R_1 \ (\forall t \in [0, \infty)).$$

　この定理の証明はカンドハウィットの論文[35] の 4.1 節を見よ．
　$\mu > 0$ を取る．サイバーグ–ウィッテン写像

$$SW^\mu : L^2_k(i\Omega^1_{CC}(X) \oplus \Gamma(S^+)) \to L^2_{k-1}(i\Omega^+(X) \oplus \Gamma(S^-)) \oplus L^2_{k-\frac{1}{2}}(V^\mu)$$

を

$$\begin{aligned} SW^\mu(\hat{a}, \hat{\phi}) &= (sw(\hat{a}, \hat{\phi}), p^\mu r(\hat{a}, \hat{\phi})) \\ &= (F^+_{(\hat{A}_0 + \hat{a})^{\det}} + q(\hat{\phi}), \slashed{D}_{\hat{A}_0 + \hat{a}} \hat{\phi}, p^\mu r(\hat{a}, \hat{\phi})) \\ &= (2\hat{d}^+ \hat{a} + F^+_{\hat{A}_0^{\det}} + q(\hat{\phi}), \slashed{D}_{\hat{A}_0} \hat{\phi} + \rho(\hat{a})\hat{\phi}, p^\mu r(\hat{a}, \hat{\phi})) \end{aligned}$$

によって定義する．

$$D(\hat{a}, \hat{\phi}) = (2\hat{d}^+ \hat{a}, \slashed{D}_{\hat{A}_0} \hat{\phi}), \ C(\hat{a}, \phi) = (F^+_{\hat{A}_0^{\det}} + q(\hat{\phi}), \rho(\hat{a})\hat{\phi})$$

とおくと

$$SW^\mu(\hat{a}, \hat{\phi}) = (D(\hat{a}, \hat{\phi}) + C(\hat{a}, \phi), p^\mu r(\hat{a}, \hat{\phi}))$$

と書ける．この写像を有限次元近似して得られるのが相対バウアー–古田不変量 $\Phi_X(\mathfrak{s})$ である．$\Phi_X(\mathfrak{s})$ を定義するために命題と定義を述べる．

命題 7.21（アティヤ–パトディ–シンガー[11]）．作用素

$$D \oplus p^\mu r : L^2_k(i\Omega^1_{CC}(X) \oplus \Gamma(S^+)) \to L^2_{k-1}(i\Omega^+(X) \oplus \Gamma(S^-)) \oplus L^2_{k-\frac{1}{2}}(V^\mu)$$

はフレドホルムである．

$L^2_{k-1}(i\Omega^+(X) \oplus \Gamma(S^-))$ の十分大きい有限次元部分空間 F と $\lambda \ll 0$ を取る
と，$\mathrm{Im}(D \oplus p^\mu r)$ と $F \oplus V^\mu_\lambda$ は横断的に交わる．F は $L^2_{k-1}(i\Omega^+(X))$ の実部
分ベクトル空間 $F_\mathbb{R}$ と $L^2_{k-1}(\Gamma(S^-))$ の複素部分ベクトル空間 $F_\mathbb{C}$ の直和とし
て取る．

$$F = F_\mathbb{R} \oplus F_\mathbb{C}.$$

このとき，

$$E = E_\mathbb{R} \oplus E_\mathbb{C} = (D \oplus p^\mu r)^{-1}(F \oplus V^\mu_\lambda)$$

とおく．E は有限次元で，

$$\dim_\mathbb{R} E_\mathbb{R} - \dim_\mathbb{R}(F_\mathbb{R} \oplus V^\mu_{\lambda,\mathbb{R}}) = \mathrm{ind}_\mathbb{R}(d^+ \oplus p^0 r) - \dim_\mathbb{R} V^\mu_{0,\mathbb{R}}$$
$$= b^+(X) - \dim_\mathbb{R} V^\mu_{0,\mathbb{R}},$$
$$\mathrm{ind}_\mathbb{C} E_\mathbb{C} - \dim_\mathbb{C}(F_\mathbb{C} \oplus V^\mu_{\lambda,\mathbb{C}}) = \mathrm{ind}_\mathbb{C}(\hat{\slashed{D}}_{\hat{A}_0} \oplus p^0 r) - \dim_\mathbb{C} V^\mu_{0,\mathbb{C}}$$

となる．SW^μ の有限次元近似写像

$$SW^\mu_{F,\lambda} : E \to F \oplus V^\mu_\lambda$$

を

$$SW^\mu_{F,\lambda}(x) = (p_F sw(x), p^\mu r(x)) = (D(x) + p_F C(x), p^\mu r(x))$$

で定義する．正の数 $R, R' > \max\{R_0, R_1\}$，$R \gg R'$，$\epsilon > 0$ を取る．ここで
R_0, R_1 は系 7.8，定理 7.20 の定数である．

$$B(V^\mu_\lambda, R) = \{y \in V^\mu_\lambda | \|y\|_{L^2_{k-\frac{1}{2}}(Y)} \leqslant R\},$$
$$B(E, R') = \{x \in E | \|x\|_{L^2_k(X)} \leqslant R'\},$$
$$S(E, R') = \partial B(E, R'),$$
$$B(F, \epsilon) = \{x \in F | \|x\|_{L^2_{k-1}(X)} \leqslant \epsilon\},$$
$$S(F, \epsilon) = \partial B(F, \epsilon)$$

とする．$r : L^2_k(X) \to L^2_{k-\frac{1}{2}}(Y)$ は有界であるから，

$$p^\mu r(B(E, R')) \subset B(V^\mu_\lambda, R)$$

としてよい．また，

$$K_1 = K_1(F, \lambda, \mu, \epsilon)$$
$$= \{y \in B(V_\lambda^\mu, R) | \exists x \in B(E, R'), y = p^\mu r(x), \|p_F sw(x)\|_{L^2_{k-1}(X)} \leqslant \epsilon\},$$
$$K_2 = K_2(F, \lambda, \mu, \epsilon)$$
$$= \{y \in B(V_\lambda^\mu, R) | \exists x \in S(E, R'), y = p^\mu r(x), \|p_F sw(x)\|_{L^2_{k-1}(X)} \leqslant \epsilon\}$$

とおく.

命題 7.22. ϵ が十分小さく, F が十分大きく, $\lambda \ll 0$, $\mu \gg 0$ のとき, $\mathrm{Inv}(B(V_\lambda^\mu, R), \varphi_\lambda^\mu)$ の S^1 同変指数対 (N, L) であって

$$K_1 \subset N, \ K_2 \subset L$$

となるものが存在する.

E, F の一点コンパクト化 E^+, F^+ を

$$E^+ = B(E, R')/S(E, R'), \quad F^+ = B(F, \epsilon)/S(F, \epsilon)$$

とみる. 命題 7.22 の指数対 (N, L) を用いると, 次の S^1 写像を定義できる.

$$f = f_{F, \lambda, \mu, N, L} : E^+ \to F^+ \wedge (N/L),$$
$$f(x) = \begin{cases} (p_F sw(x), p^\mu r(x)) & \|p_F sw(x)\|_{L^2_{k-1}(X)} < \epsilon \text{ のとき}, \\ * & \text{その他のとき}. \end{cases} \quad (7.10)$$

命題 7.22 の証明のために, 次の補題を証明する.

補題 7.23. l を (7.1) の作用素とする. $t \geqslant 0$ に対して, V 上の作用素

$$e^{tl} = 1 + tl + \frac{1}{2!}t^2 l^2 + \frac{1}{3!}t^3 l^3 + \cdots$$

を考える.

(i) $y \in L^2_{k-\frac{1}{2}}(V^0)$ に対して,

$$\|e^{lt}y\|_{L^2_{k-\frac{1}{2}}(Y)} \leqslant \|y\|_{L^2_{k-\frac{1}{2}}(Y)}$$

である.

(ii) $\epsilon > 0$ に対して, 正の定数 $B = B_\epsilon$ が存在して, $y \in L^2(V^0)$, $t \in [\epsilon, \infty)$ に対し

$$\|e^{tl}y\|_{L^2_{k-\frac{1}{2}}(Y)} \leqslant B\|y\|_{L^2(Y)}$$

となる.

証明. $y \in V^0$ をとる. l は自己共役な作用素であるから, l の固有値 $\lambda < 0$ と固有ベクトル $v_\lambda \in V$, $lv_\lambda = \lambda v$, $\|v_\lambda\|_{L^2(Y)} = 1$ があって

$$y = \sum_{\lambda < 0} c_\lambda v_\lambda,$$

と書ける．$c_\lambda \in \mathbb{C}$ である．また，λ は l の負の固有値全体を動く．

$$\|y\|_{L_k^2(Y)} = \sqrt{\sum_{\lambda < 0} |c_\lambda|^2 (1 + |\lambda|^{2k})},$$

$$\|e^{tl}y\|_{L_k^2(Y)} = \sqrt{\sum_{\lambda < 0} |c_\lambda|^2 e^{2t\lambda}(1 + |\lambda|^{2k})}$$

である．

$t \geqslant 0$, $\lambda < 0$ に対して，$e^{\lambda t} \leqslant 1$ であるから，

$$\|y\|_{L_k^2(Y)} \leqslant \|e^{tl}y\|_{L_k^2(Y)}$$

である．

$\epsilon > 0$ とする．定数 $B > 0$ が存在して，$t \in [\epsilon, \infty)$, $\lambda < 0$ に対して

$$e^{2t\lambda}(1 + |\lambda|^{2k}) \leqslant e^{2\epsilon\lambda}(1 + |\lambda|^{2k}) \leqslant B$$

となる．よって，$y \in L^2(V^0)$ に対して，

$$\|e^{tl}y\|_{L_k^2(Y)} \leqslant \sqrt{B}\|y\|_{L^2(Y)}$$

である． $\square$

$A = B(V_\lambda^\mu, R)$, $A^+ = \{y \in A \,|\, \varphi_\lambda^\mu(y, [0, \infty)) \subset A\}$ とおく．定理 3.27 より，十分小さい ϵ と，十分大きい F, $\lambda \ll 0$, $\mu \gg 0$ に対して，次を示せばよい．

(i) $y \in K_1 \cap A^+$ ならば $\varphi_\lambda^\mu(y, [0, \infty)) \cap \partial A = \varnothing$.

(ii) $K_2 \cap A^+ = \varnothing$.

(i) が正しくないとすると，列 $\epsilon_n \to 0$, $F_n \subset i\Omega^+(X) \oplus \Gamma(S^-)$, $p_{F_n} \to id$, $\lambda_n \to -\infty$, $\mu_n \to \infty$, $x_n \in B(E_n, R')$, $\|p_{F_n}sw(x_n)\|_{L_{k-1}^2(X)} \leqslant \epsilon_n$ が存在して，$y_n = p^{\mu_n}r(x_n)$ とおくと

$$\varphi_{\lambda_n}^{\mu_n}(y_n, [0, \infty)) \subset A,$$

$$\exists t_n \geqslant 0, \ \varphi_{\lambda_n}^{\mu_n}(y_n, t_n) \in \partial A$$

となる．適当に部分列を取って，$t_n \to \infty$ または，$t_n \to t_0 \in \mathbb{R}_{\geqslant 0}$ としてよい．

$t_n \to \infty$ の場合を考える．$\gamma_n : \mathbb{R} \to V_{\lambda_n}^{\mu_n}$ を

$$\gamma_n(t) = \varphi_{\lambda_n}^{\mu_n}(y_n, t_n + t)$$

で定義する．このとき，

$$\|\gamma_n(0)\|_{L_{k-\frac{1}{2}}^2(Y)} = R,$$

$$\gamma_n([-t_n, \infty)) \subset A$$

となる．定理 7.9 の証明と同様に，方程式 (7.2) の解 $\gamma : \mathbb{R} \to V$ が存在して，部分列を適当に取ると，γ_n は $\mathbb{R}$ の各コンパクト集合上，γ へ $L^2_{k-\frac{1}{2}}(Y)$ ノルムに関して一様収束する．特に次が成り立つ．

$$\|\gamma(t)\|_{L^2_{k-\frac{1}{2}}(Y)} \leqslant R \quad (\forall t \in \mathbb{R}),$$

$$\|\gamma(0)\|_{L^2_{k-\frac{1}{2}}(Y)} = R.$$

これは系 7.8 に矛盾する．

次に $t_n \to t_0 \in \mathbb{R}_{\geqslant 0}$ となる場合を考える．レリッヒの補題から部分列を取ると，x_n はある $x \in L^2_{k-1}(X)$ に $L^2_{k-1}(X)$ ノルムで収束する．$r : L^2_{k-1}(X) \to L^2_{k-\frac{3}{2}}(Y)$ は連続であるから，$p^0 r(x_n)$ は $p^0 r(x)$ に $L^2_{k-\frac{3}{2}}(Y)$ ノルムで収束する．部分列を取れば，$p^0 r(x_n)$ が $p^0 r(x)$ に $L^2_{k-\frac{1}{2}}(Y)$ ノルムで収束することを示す．$\gamma_n : [0, \infty) \to B(V^{\mu_n}_{\lambda_n}, R)$ を

$$\gamma_n(t) = \varphi^{\mu_n}_{\lambda_n}(p^0 r(x_n), t)$$

により定義する．このとき，

$$\frac{\partial \gamma_n}{\partial t}(t) = -(l + p^{\mu_n}_{\lambda_n} c)(\gamma_n(t))$$

が満たされている．定理 7.9 の証明と同様，適当に部分列を取ると，γ_n は $(0, \infty)$ の各コンパクト集合上 $L^2_{k-\frac{1}{2}}(Y)$ ノルムで一様収束している．

補題 7.23 より，$t > 0$ に対してコンパクト作用素

$$e^{tl} : L^2(V^0) \to L^2_k(V^0)$$

が定義される．$\epsilon \in (0, 1)$ を任意に取る．

$$p^0 r(x_n) = p^0 \gamma_n(0)$$
$$= -\int_0^1 \frac{\partial(e^{tl} p^0 \gamma_n)}{\partial t}(t) dt + e^l p^0 \gamma_n(1)$$
$$= -\int_0^1 e^{lt} p^0 \left(l\gamma_n(t) + \frac{\partial \gamma_n}{\partial t}(t) \right) dt + e^l p^0 \gamma_n(1)$$
$$= -\int_0^1 e^{lt} p^0_{\lambda_n} c(\gamma_n(t)) dt + e^l p^0 \gamma_n(1)$$
$$= -\int_0^\epsilon e^{lt} p^0_{\lambda_n} c(\gamma_n(t)) dt - \int_\epsilon^1 e^{lt} p^0_{\lambda_n} c(\gamma_n(t)) dt + e^l p^0 \gamma_n(1).$$

ここで，補題 7.23(i) より，

$$\|e^{tl} p^0_{\lambda_n} c(\gamma_n(t))\|_{L^2_{k-\frac{1}{2}}(Y)} \leqslant CR^2$$

である．よって

$$\left\| \int_0^\epsilon e^{tl} p^0_{\lambda_n} c(\gamma_n(t)) dt \right\|_{L^2_{k-\frac{1}{2}}(Y)} \leqslant CR^2 \epsilon.$$

補題 7.23(ii) から $[\epsilon, 1]$ 上で $e^{tl} p^0_{\lambda_n} c(\gamma_n(t))$ は $L^2_{k-\frac{1}{2}}(Y)$ ノルムで $e^{tl} c(\gamma(t))$ に一様に収束する. 第2項は $L^2_{k-\frac{1}{2}}(Y)$ で収束する. また, 第3項も補題 7.23 (i) より $L^2_{k-\frac{1}{2}}(Y)$ ノルムで収束する. $\epsilon > 0$ は任意だから, $p^0 r(x_n)$ は $p^0 r(x)$ へ $L^2_{k-\frac{1}{2}}(Y)$ ノルムで収束することが示せた.

楕円型評価から

$$\|x_n - x\|_{L^2_k(X)}$$
$$\leqslant \mathrm{const}\left(\|x_n - x\|_{L^2(X)} + \|D(x_n - x)\|_{L^2_{k-1}(X)} + \|p^0 r(x_n - x)\|_{L^2_{k-\frac{1}{2}}(Y)}\right)$$
$$\leqslant \mathrm{const}\Big(\|x_n - x\|_{L^2(X)} + \|p_{F_n}(C(x_n) - C(x))\|_{L^2_{k-1}(X)}$$
$$+ \|(p_{F_n} - 1)C(x)\|_{L^2_{k-1}(X)} + \epsilon_n$$
$$+ \|p^0 r(x_n - x)\|_{L^2_{k-\frac{1}{2}}(Y)}\Big)$$

となる. const は正の定数である. C は $L^2_k(X)$ から $L^2_{k-1}(X)$ へのコンパクト写像であるから, 第2項目は 0 に収束する. よって, $\|x_n - x\|_{L^2_k(X)} \to 0$ となり, x_n は x へ $L^2_k(X)$ で収束する. したがって, x, γ はサイバーグ–ウィッテン方程式の解で,

$$r(x) = \gamma(0),$$
$$\|\gamma(t)\|_{L^2_{k-\frac{1}{2}}(Y)} \leqslant R \quad (t \in [0, \infty)),$$
$$\|\gamma(t_0)\|_{k-\frac{1}{2}(Y)} = R$$

となる. これは定理 7.20 に矛盾.

(ii) が正しくないと仮定する. 列 $\epsilon_n \to 0$, $F_n \subset i\Omega^+(X) \oplus \Gamma(S^-)$, $p_{F_n} \to id$, $\lambda_n \to -\infty$, $\mu_n \to \infty$, $x_n \in S(E_n, R')$, $\|p_{F_n} sw(x_n)\|_{L^2_{k-1}(X)} \leqslant \epsilon_n$ が存在して, $y_n = p^{\mu_n} r(x_n)$ とおくと

$$\varphi^{\mu_n}_{\lambda_n}(y_n, [0, \infty)) \subset A$$

となる. $\gamma_n : [0, \infty) \to V^{\mu_n}_{\lambda_n}$ を $\gamma_n(t) = \varphi^{\mu_n}_{\lambda_n}(y_n, t)$ で定義する. (i) のときと同様に, 適当に部分列を取ると x_n は $L^2_k(X)$ でサイバーグ–ウィッテン方程式の解 x に収束する. また, $Y \times [0, \infty)$ 上の方程式 (7.2) の解 γ が存在し, γ_n は各コンパクト集合上 γ に $L^2_{k-\frac{1}{2}}(Y)$ ノルムで一様収束し,

$$\|x\|_{L^2_k(X)} = R', \ r(x) = \gamma(0), \ \|\gamma(t)\|_{L^2_{k-\frac{1}{2}}(Y)} \leqslant R$$

となる. これは定理 7.20 に矛盾する. □

指数対 (N, L) の取り方は一意的ではない. (N', L') を命題 7.22 の条件を満たすもう1つの指数対とする. 命題 3.5 は同変版が成り立ち, S^1 同変ホモトピー同値

$$\mathfrak{F}_T : N/L \to N'/L'$$

がある．この S^1 ホモトピー同値を除いて，写像 $f_{F,\lambda,\mu,N,L}$ は (N,L) の取り方に依存しない．すなわち次が成り立つ．

命題 7.24. $f = f_{F,\lambda,\mu,N,L}$, $f' = f_{F,\lambda,\mu,N',L'}$ とする．次の図式は S^1 ホモトピー可換である．

$$
\begin{array}{ccc}
E^+ & \xrightarrow{\ f\ } & F^+ \wedge (N/L) \\
& f' \searrow & \downarrow id_{F^+} \wedge \mathfrak{F}_T \\
& & F^+ \wedge (N'/L')
\end{array}
$$

証明はここでは省略する．証明はカンドハウィットの論文[35]の appendix をみよ．

$F_0, F_1, F_0 \subset F_1$ を $i\Omega^1(X) \oplus \Gamma(S^-)$ の十分大きい有限次元部分空間，$\lambda \ll 0$, $\mu \gg 0$ とする．$E_0 = (D \oplus p^\mu r)^{-1}(F_0 \oplus V_\lambda^\mu)$, $E_1 = (D \oplus p^\mu r)^{-1}(F_1 \oplus V_\lambda^\mu)$ とする．

$$
K_1' = \left\{ y \in B(V_\lambda^\mu, R) \ \middle| \
\begin{array}{l}
\exists x \in B(E_1, R') \\
p^\mu r(x) = y, \\
\exists s \in [0,1], \\
\|D(x) + ((1-s)p_{F_1} + sp_{F_0})C(x)\|_{L_{k-1}^2(X)} \leqslant \epsilon
\end{array}
\right\},
$$

$$
K_2' = \left\{ y \in B(V_\lambda^\mu, R) \ \middle| \
\begin{array}{l}
\exists x \in S(E_1, R') \\
p^\mu r(x) = y, \\
\exists s \in [0,1], \\
\|D(x) + ((1-s)p_{F_1} + sp_{F_0})C(x)\|_{L_{k-1}^2(X)} \leqslant \epsilon
\end{array}
\right\}
$$

とおく．命題 7.22 の証明と同様にして，S^1 同変指数対 (N,L) は

$$K_1' \subset N, \quad K_2' \subset L \tag{7.11}$$

を満たすとしてよい．

命題 7.25. F_0, F_1 を $i\Omega^+(X) \oplus \Gamma(S^-)$ の十分大きい有限次元部分空間とし，$F_0 \subset F_1$ とする．(7.11) が満たされているとする．$f_0 = f_{F_0,\lambda,\mu,N,L}$, $f_1 = f_{F_1,\lambda,\mu,N,L}$ とする．このとき，自然な S^1-ホモトピー

$$f_0 \wedge (D|_{E_1 - E_0}) \sim f_1$$

がある．ここで，$E_1 - E_0 := E_1 \cap (E_0)^\perp$.

証明. S^1-ホモトピー

$$H : E_1^+ \times [0,1] \to F_1^+$$

を

$$H(x,s) = \begin{cases} (D(x) + ((1-s)p_{F_1} + sp_{F_0})C(x), p^\mu r(x)) & \text{(7.12) を満たすとき,} \\ * & \text{その他のとき} \end{cases}$$

ただし,

$$\|D(x) + ((1-s)p_{F_1} + sp_{F_0})C(x)\|_{L^2_{k-1}(X)} < \epsilon. \tag{7.12}$$

条件 (7.11) より, H は well-defined で, $f_0 \wedge (L|_{E_1-E_0})$ と f_1 の間の S^1 ホモトピーになっている. $\square$

F_0 を十分大きい $L^2_{k-1}(i\Omega^+(X) \oplus \Gamma(S^-))$ の有限次元部分空間, $\lambda \ll 0, \mu \gg 0$ をとり, $F_0 \oplus V^\mu_\lambda$ と $\mathrm{Im}\,\hat{\slashed{D}}_{A_0} \oplus p^\mu r$ が $L^2_{k-1}(i\Omega^+(X) \oplus \Gamma(S^-)) \oplus L^2_{k-\frac{1}{2}}(V^\mu)$ で横断的に交わっているとする. $F_0 \subset F$ のとき, $L|_{E-E_0}$ は $E - E_0$ から $(F - F_0)$ への同型になる. 自明化

$$\begin{aligned} E_0 &\cong \mathbb{R}^m \oplus \mathbb{C}^n, \\ F_0 &\cong \mathbb{R}^{m'} \oplus \mathbb{C}^{n'}, \\ F - F_0 &\cong \mathbb{R}^p \oplus \mathbb{C}^q \end{aligned}$$

を取る. このとき, 自明化

$$E - E_0 \cong \mathbb{R}^p \oplus \mathbb{C}^q$$

が $L|_{E-E_0}$ と $F - F_0$ の自明化の合成で得られる.

上で選んだ E, F の自明化の下, 命題 7.25 より, $f_{F,\lambda,\mu,N,L}$ は圏 $\mathfrak{C}$ の射

$$(\mathbb{R}^m \oplus \mathbb{C}^{n+a})^+ \wedge (\mathbb{R}^{d^0_{\lambda,\mathbb{R}}} \oplus \mathbb{C}^{d^0_{\lambda,\mathbb{C}}})^+ \to (\mathbb{R}^{m+b^+(X)} \oplus \mathbb{C}^m)^+ \wedge (N/L)$$

を定義する. ここで, $a = \mathrm{ind}_{\mathbb{C}}(\hat{\slashed{D}}_{A_0} \oplus p^0 r) \in \mathbb{Z}$ である. ここで, $d^0_{\lambda,\mathbb{R}}$ は V^0_λ の実成分 $V^0_{\lambda,\mathbb{R}} \subset i\Omega^1(Y)$ の次元, $d^0_{\lambda,\mathbb{C}}$ は V^0_λ の複素成分 $V^0_{\lambda,\mathbb{C}} \subset \Gamma(S)$ の次元である.

両辺で $\Sigma^{-\mathbb{R}^{m+d^0_{\lambda,\mathbb{R}}} \oplus \mathbb{C}^{n+d^0_{\lambda,\mathbb{C}}+n(Y,\mathfrak{s},g)}}$ を取って, 射

$$\Phi_X(\mathfrak{s}) : \left(\mathbb{C}^{\frac{c_1(\mathfrak{s})^2 - \sigma(X)}{8}}\right)^+ \to \Sigma^{\mathbb{R}^{b^+(X)}} SWF(Y, \mathfrak{t})$$

を得る.

注意 7.26. $\Phi_X(\mathfrak{s})$ を定義するために, E, F の自明化を取るのはやや不自然であるが, 圏 $\mathfrak{C}$ の射の集合の定義を変えれば, 自明化を避けることはできる. ただし, その場合, 圏 $\mathfrak{C}$ の定義は $\mathfrak{s}, g$ に依存したものになる. 7.6 節で行う応用では, 自明化を取ったほうが考えやすいので, ここでは自明化をとって $\Phi_X(\mathfrak{s})$ を定義した.

今，$(X, \mathfrak{s})$ が $(Y_0, \mathfrak{t}_0)$ から $(Y_1, \mathfrak{t}_1)$ への spin^c 同境であったとする．

$$\partial X = (-Y_0) \coprod Y_1, \quad \mathfrak{s}|_{Y_0} = \mathfrak{t}_0, \quad \mathfrak{s}|_{Y_1} = \mathfrak{t}_1.$$

相対バウアー–古田不変量

$$\Phi_X(\mathfrak{s}) : \left(\mathbb{C}^{\frac{c_1(\mathfrak{s})^2 - \sigma(X)}{8}} \right)^+ \to SWF(-Y_0, \mathfrak{t}_0) \wedge SWF(Y_1, \mathfrak{t}_1)$$

がある．恒等射 $id_{SWF(Y_0, \mathfrak{t}_0)}$ とのスマッシュ積を取って

$$id_{SWF(Y_0, \mathfrak{t}_0)} \wedge \Phi(X, \mathfrak{s}) : \Sigma^{\mathbb{C}^{\frac{c_1(\mathfrak{s})^2 - \sigma(X)}{8}}} SWF(Y_0, \mathfrak{t}_0)$$
$$\to SWF(Y_0, \mathfrak{t}_0) \wedge SWF(-Y_0, \mathfrak{t}_0) \wedge SWF(Y_1, \mathfrak{t}_1)$$

を得る．定理 7.18 の双対写像 $\delta : SWF(Y_0, \mathfrak{t}_0) \wedge SWF(-Y_0, \mathfrak{t}_0) \to S^0$ を合成して，射

$$\Psi_X(\mathfrak{s}) = \Psi_X(\mathfrak{s}, \hat{g}) : \Sigma^{\mathbb{C}^{\frac{c_1(\mathfrak{s})^2 - \sigma(X)}{8}}} SWF(Y_0, \mathfrak{t}_0, g_0) \to SWF(Y_1, \mathfrak{t}_1, g_1)$$

を得る．

$\Psi_X(\mathfrak{s})$ は X リーマン計量 $\hat{g}$ に関して，境界 Y への制限のみに依存していることを示せる（まだ $SWF(Y, \mathfrak{t}, g)$ は，g について不変であることは示していないことに注意）．つまり，$\hat{g}$ と $\hat{g}'$ が X のリーマン計量で，$\hat{g}|_Y = \hat{g}'|_Y$ ならば，$\Psi_X(\mathfrak{s}, \hat{g}) = \Psi_X(\mathfrak{s}, \hat{g}')$ である．これは X のリーマン計量の道 $(1 - s)\hat{g} + s\hat{g}'$ $(0 \leqslant s \leqslant 1)$ が，（境界 Y のデータを保ったまま）$\hat{g}$ と $\hat{g}'$ に関する X 上のサイバーグ–ウィッテン写像の有限次元近似の間にホモトピーを誘導するからである．$\Psi_X(\mathfrak{s})$ が $\hat{g}|_Y$ に依存しないことは，次の節で見る．

Y での平坦接続 $\hat{A}_0$ の取り方が（ゲージ変換を除いて）一意的であることから，リーマン計量と同様の議論により，$\Psi_X(\mathfrak{s})$ は $\hat{A}_0$ に依存しない．

命題 7.27. $\Psi_X(\mathfrak{s}, \hat{g})$ は $\mathfrak{s}, \hat{g}|_Y$ にのみ依存する．$\hat{A}_0$ の取り方には依存しない（次の節で，$\hat{g}|_Y$ にも，同型を除いて，依存しないことを示す）．

$G = \mathrm{Pin}(2)$ とする．$(X, \mathfrak{s})$ が spin のとき，相対バウアー–古田不変量は，G 同変安定ホモトピー圏 $\mathfrak{C}_G$ の射

$$\Psi_X(\mathfrak{s}) : \Sigma^{\mathbb{H}^{\frac{-\sigma(X)}{16}}} SWF(Y_0, \mathfrak{t}_0) \to SWF(Y_1, \mathfrak{t}_1) \tag{7.13}$$

として定義される．

7.4　同境，場の理論，不変性

Cob_n を n 次元閉多様体 Y を対象とし，Y_0, Y_1 への同境 X を射とする圏とする．通常は Y, X に幾何構造も付加して考える．$\mathcal{C}$ を一般の圏とする．Cob_n

から $\mathcal{C}$ への関手 $F : Cob_n \to \mathcal{C}$ を $\mathcal{C}$ に値を持つ場の理論と呼ぶ.

$\widetilde{Cob}_3$ を 3 つ組 $(Y, \mathfrak{t}, g)$ を対象とする. Y は向きの付いた閉 3 次元多様体で $b_1(Y) = 0$ を満たす. $\mathfrak{t}$ は Y の spin^c 構造, g は Y のリーマン計量, 対象 $(Y_0, \mathfrak{t}_0, g_0)$ から $(Y_1, \mathfrak{t}_1, g_1)$ への射は 3 つ組 $(X, \mathfrak{s}, \hat{g})$ である. ここで, X は Y_0 から Y_1 への同境, $\mathfrak{s}$ は X の spin^c 構造で $\mathfrak{s}|_{Y_i} = \mathfrak{t}_i$, $\hat{g}$ は X のリーマン計量で, $\hat{g}|_{Y_i} = g_i$.

定理 7.28. 対応 $(Y, \mathfrak{t}, g) \mapsto SWF(Y, \mathfrak{t}, g)$, $(X, \mathfrak{s}, \hat{g}) \mapsto \Psi_X(\mathfrak{s}, \hat{g})$ は関手 $\widetilde{Cob}_3 \to \mathfrak{C}$ を定める. つまり, 次が成り立つ.

(1) $\Psi_{Y \times [0,1]}(\pi^*\mathfrak{t}, \pi^*g) : SWF(Y, \mathfrak{t}, g) \to SWF(Y, \mathfrak{t}, g)$ は恒等射 $id_{SWF(Y,\mathfrak{t},g)}$ と等しい. ここで $\pi : Y \times [0,1] \to Y$ は射影.

(2) 2 つの射

$$(X_0, \mathfrak{s}_0, \hat{g}_0) : (Y_0, \mathfrak{t}_0, g_0) \to (Y_1, \mathfrak{t}_1, g_1),$$
$$(X_1, \mathfrak{s}_1, \hat{g}_1) : (Y_1, \mathfrak{t}_1, g_1) \to (Y_2, \mathfrak{t}_2, g_2)$$

に対して,

$$\Psi_{X_0 \cup_{Y_1} X_1}(\mathfrak{s}_0 \cup_{Y_1} \mathfrak{s}_1, \hat{g}_0 \cup_{Y_1} \hat{g}_1) = \Psi_{X_1}(\mathfrak{s}_1, \hat{g}_1) \circ \Psi_{X_0}(\mathfrak{s}_0, \hat{g}_0).$$

この定理の証明は, 大変長く, 本書では行えない. この定理の (1) は笹平–ストフレゲン[66] により示されている. (2) はマノレスク[49] により示されている. また, カンドハウィット–リン–笹平の論文[37] も見よ.

系 7.29. Y のリーマン計量 g_0, g_1 に対して,

$$\Psi_{Y \times [0,1]}(\pi^*\mathfrak{t}, \hat{g}) : SWF(Y, \mathfrak{t}, g_0) \to SWF(Y, \mathfrak{t}, g_1)$$

は同型である. ただし, $\hat{g}$ は $Y \times [0,1]$ のリーマン計量で, $\hat{g}|_{Y \times \{i\}} = g_i$ $(i = 0, 1)$. よって, $SWF(Y, \mathfrak{t}, g)$ は, 標準的な同型を除いて, g に依存しない $(Y, \mathfrak{t})$ の不変量である.

証明. $(Y, \mathfrak{t})$ は固定し, Y 上の任意のリーマン計量 g_0, g_1 に対して,

$$f_{g_0 g_1} := \Psi_{Y \times [0,1],}(\pi^*\mathfrak{t}, \hat{g}) : SWF(Y, \mathfrak{t}, g_0) \to SWF(Y, \mathfrak{t}, g_1)$$

とおく. ただし, $\hat{g}|_{Y \times \{i\}} = g_i$ $(i = 0, 1)$. 命題 7.27 により, $f_{g_0 g_1}$ は g_0, g_1 にのみ依存し, $\hat{g}$ の取り方に依存しない. 定理 7.28 より

$$f_{g_1 g_0} \circ f_{g_0 g_1} = f_{g_0 g_0} = id_{SWF(Y,\mathfrak{t},g_0)}$$

である. 同様に

$$f_{g_0 g_1} \circ f_{g_1 g_0} = id_{SWF(Y,\mathfrak{t},g_1)}.$$

したがって，$f_{g_1 g_0}$ は同型で

$$f_{g_0 g_1}^{-1} = f_{g_1 g_0}$$

となる． □

命題 7.27，定理 7.28，系 7.29 より，次を得る．

系 7.30. $\Psi_X(\mathfrak{s}, \hat{g})$ は，系 7.29 で与えられた同型を除いて，$\hat{g}$ に依存しない．

ここでは，リーマン計量に関して述べたが，$\lambda, \mu, (N, L)$ についても同様であり，定理 7.14 が成り立つ．同様に定理 7.16 も示すことができる．

サイバーグ–ウィッテン–フレアー安定ホモトピー型をより厳密に，構成のときに用いるデータに依存しない 3 次元多様体の不変量として定義するには，クロンハイマー–ミュロフカ[41, p.453] の議論を用いて，次のようにすればよい．

まず，一般の圏 $\mathcal{C}$ に対して，圏 $\mathcal{C}/\mathrm{CAN}$ を次のように定義する．$\mathcal{C}/\mathrm{CAN}$ の対象は組 $(\{x_\alpha\}_{\alpha \in A}, \{f_{\alpha_1 \alpha_2}\}_{\alpha_1, \alpha_2 \in A})$ である．ここで，$\{x_\alpha\}_{\alpha \in A}$ は集合 A で添字付けられた $\mathcal{C}$ の対象の族，$f_{\alpha_1 \alpha_2} : x_{\alpha_1} \to x_{\alpha_2}$ は $\mathcal{C}$ における射で

$$f_{\alpha\alpha} = id_{x_\alpha}, \quad f_{\alpha_2 \alpha_3} \circ f_{\alpha_1 \alpha_2} = f_{\alpha_1 \alpha_3}$$

を満たすものである．$(\{x_\alpha\}_{\alpha \in A}, \{f_{\alpha_1 \alpha_2}\}_{\alpha_1, \alpha_2 \in A})$ から $(y_\beta, \{g_{\beta_1 \beta_2}\}_{\beta_1, \beta_2 \in B})$ への射は族 $\{m_{\alpha\beta}\}_{\alpha \in A, \beta \in B}$ である．ここで $m_{\alpha\beta}$ は $\mathcal{C}$ における射 $x_\alpha \to y_\beta$ で，次の図式が可換になるものである．

$$
\begin{array}{ccc}
x_{\alpha_1} & \xrightarrow{\ m_{\alpha_1 \beta_2}\ } & y_{\beta_1} \\
{\scriptstyle f_{\alpha_1 \alpha_2}}\downarrow & & \downarrow{\scriptstyle g_{\beta_1 \beta_2}} \\
x_{\alpha_2} & \xrightarrow[\ m_{\alpha_2 \beta_2}\ ]{} & y_{\beta_2}
\end{array}
$$

定理 7.28 から次を得る．

定理 7.31. Cob_3 を対象 $(Y, \mathfrak{t})$ とし，$(Y_0, \mathfrak{t}_0)$ から $(Y_1, \mathfrak{t}_1)$ への射を $(X, \mathfrak{s})$ とする圏とする．Y は閉 3 次元多様体で，$b_1(Y) = 0$，$\mathfrak{t}$ は Y の spin^c 構造，$(X, \mathfrak{s})$ は $(Y_0, \mathfrak{t}_0)$ から $(Y_1, \mathfrak{t}_1)$ への spin^c 同境である．

$A(Y, \mathfrak{t})$ を $(Y, \mathfrak{t})$ のサイバーグ–ウィッテン–フレアーホモトピー型を定義するときに必要なデータ $(g, \lambda, \mu, (N, L))$ の集合とする．対応

$$(Y, \mathfrak{t}) \mapsto (\{x_\alpha\}_{\alpha \in A(Y, \mathfrak{t})}, \{f_{\alpha_0 \alpha_1}\}_{\alpha_0, \alpha_1 \in A(Y, \mathfrak{t})}),$$

$$x_\alpha = SWF(Y, \mathfrak{s}, \alpha),$$

$$f_{\alpha_0 \alpha_1} = \Psi_{Y \times [0,1]}(\pi^* \mathfrak{s}) : SWF(Y, \mathfrak{s}, \alpha_0) \to SWF(Y, \mathfrak{s}, \alpha_1),$$

$$(X, \mathfrak{s}) \mapsto \{m_{\alpha\beta}\}_{\alpha \in A(Y_0, \mathfrak{s}_0), \beta \in A(Y_1, \mathfrak{s}_1)},$$

$$m_{\alpha\beta} = \Psi_X(\mathfrak{s}) : \Sigma^{\mathbb{C}^{\frac{c_1(\mathfrak{s})^2 - \sigma(X)}{8}}} SWF(Y_0, \mathfrak{t}_0, \alpha) \to SWF(Y_1, \mathfrak{t}_1, \beta)$$

は関手

$$SWF : Cob_3 \to \mathfrak{C}/\mathrm{CAN}$$

を定義する. このとき, $\mathfrak{C}/\mathrm{CAN}$ の対象 $SWF(Y, \mathfrak{t})$ は $(Y, \mathfrak{t})$ の不変量である.

7.5 SWF 型空間とボルスク–ウラム型定理

球面の間の S^1 同変写像に関する制限を示したが, SWF 型空間というより広いクラスの空間の間の S^1 同変写像に関して, ボルスク–ウラム型定理である定理 2.6 を拡張する. 拡張されたボルスク–ウラム型定理は, 相対バウアー–古田不変量に適用でき, 境界付き 4 次元多様体の交叉形式への応用を得る.

定義 7.32. Z を基点付き S^1 同変 CW 複体, l を 0 以上の整数とする. Z がレベル l の S^1-サイバーグ–ウィッテン–フレアー型 (S^1-SWF 型) であるとは, S^1 不動点集合 Z^{S^1} が S^l とホモトピー同値で, $Z \backslash Z^{S^1}$ 上で S^1 作用が自由であることである.

基点付き S^1 同変 CW 複体 Z に対して, $\tilde{H}^*_{S^1}(Z; \mathbb{R})$ を S^1 同変小ホモロジーとする.

$$\tilde{H}^*_{S^1}(Z; \mathbb{R}) := \tilde{H}^*(Z \wedge_{S^1} ES^1_+; \mathbb{R}).$$

ここで, $ES^1 (= \mathbb{C}^\infty)$ は S^1 の普遍束 $ES^1 \to BS^1$ の全空間であり, ES^1_+ は ES^1 に基点を $*$ を付け足した $ES^1 \coprod \{*\}$ である. $\tilde{H}^*(Z; \mathbb{R})$ は多項式環 $\mathbb{R}[U] (= H^*(S^0; \mathbb{R}))$ 上の次数付き加群である. また, 形式的巾級数環 $\mathbb{R}[[U]]$ は単項イデアル整域であり, 任意のイデアル I に対して, ある 0 以上の整数 h があって $I = (U^h)$ となることに注意. ここで, (U^h) は U^h で生成されるイデアルである.

定義 7.33. Z をレベル l の S^1 同変 SWF 型空間であるとする. このとき, $h(Z) \in \mathbb{Z}$ を次のように定義する. 包含写像 $i : Z^{S^1} \hookrightarrow Z$ が誘導する $\mathbb{R}[U]$ 準同型写像

$$\tilde{H}^{*+l}(Z; \mathbb{R}) \xrightarrow{i^*} \tilde{H}^{*+l}(Z^{S^1}; \mathbb{R})$$

$$\cong \tilde{H}^{*+l}(S^l; \mathbb{R}) = \tilde{H}^*(S^0; \mathbb{R}) = \mathbb{R}[U]$$

$$\hookrightarrow \mathbb{R}[[U]]$$

の像が生成する $\mathbb{R}[[U]]$ のイデアルを $I(Z)$ とする. このとき, 0 以上の整数 h が存在し, $I(Z) = (U^h)$ と書ける. $h(Z)$ をこの整数 h と定義する.

定理 2.6 の一般化として次が成り立つ.

定理 **7.34.** Z, Z' がレベル l の SWF 型である S^1 同変 CW 複体であるとする．さらに

$$f : Z \to Z'$$

を S^1 同変写像とし，S^1 不動点への制限

$$f^{S^1} : Z^{S^1} \to (Z')^{S^1}$$

がホモトピー同値であるとする．このとき，

$$h(Z) \leqslant h(Z')$$

が成り立つ．

証明. 次の可換図式を考える．

$$
\begin{array}{ccc}
\tilde{H}^*(Z;\mathbb{R}) & \xleftarrow{\;f^*\;} & \tilde{H}^*(Z';\mathbb{R}) \\
\downarrow & & \downarrow \\
\tilde{H}^*(Z^{S^1};\mathbb{R}) & \xleftarrow[\;(f^{S^1})^*\;]{\cong} & \tilde{H}^*((Z')^{S^1};\mathbb{R}) \\
\| & & \| \\
\mathbb{R}[U] & =\!=\!=\!=\!=\!= & \mathbb{R}[U]
\end{array}
$$

図式より，$I(Z') \subset I(Z')$ であり，$h(Z') \geqslant h(Z)$ を得る． $\square$

　次は容易に示せる．

補題 7.35. 次が成り立つ．

$$h(\Sigma^{\mathbb{R}} Z) = h(Z), \; h(\Sigma^{\mathbb{C}} Z) = h(Z) + 1.$$

例 7.36. $h((\mathbb{R}^m \oplus \mathbb{C}^n)^+) = n$ である．
　S^1 写像

$$f : (\mathbb{R}^m \oplus \mathbb{C}^n)^+ \to (\mathbb{R}^m \oplus \mathbb{C}^{n'})^+$$

があり，$f^{S^1} : (\mathbb{R}^m)^+ \to (\mathbb{R}^m)^+$ がホモトピー同値であるとする．このとき，定理 7.34 より，

$$n = h((\mathbb{R}^m \oplus \mathbb{C}^n)^+) \leqslant h((\mathbb{R}^m \oplus \mathbb{C}^{n'})^+) = n'$$

となる．これは，定理 2.6 の不等式である．

　$G = \mathrm{Pin}(2)$ とする．次に G 同変ボルスク–ウラム型定理である定理 2.8 の拡張を示す．これから示す G 同変ボルスク–ウラム型定理はマノレスク[50]による．

定義 **7.37.** Z を基点付き G-CW 複体で, l を 0 以上の整数とする. Z がレベル l の G-サイバーグ–ウィッテン–フレアー型 (G-SWF 型) であるとは, S^1 不動点集合 Z^{S^1} が $(\tilde{\mathbb{R}}^l)^+$ と G-ホモトピー同値であり, $Z \backslash Z^{S^1}$ 上で G の作用が自由であることである. ここで, $\tilde{\mathbb{R}}$ は G の非自明な実 1 次元表現である.

Z をレベル l の G-SWF 型とする. l を偶数とする. $R(G)$ のイデアル $\mathcal{I}(Z)$ を, 制限写像とボットの周期性同型の合成

$$
\begin{aligned}
\tilde{K}_G(Z) &\xrightarrow{i^*_{S^1}} \tilde{K}_G(Z^{S^1}) \cong \tilde{K}_G((\tilde{\mathbb{R}}^l)^+) \\
&\cong \tilde{K}_G(\tilde{\mathbb{C}}^{\frac{1}{2}l}) \cong \tilde{K}_G(pt) = R(G)
\end{aligned} \tag{7.14}
$$

の像とする.

$$
\mathcal{I}(Z) = \{ y_x \in R(G) \mid x \in \tilde{K}_G(Z) \}
$$

である. ただし, $x \in \tilde{K}_G(Z)$ に対して, $y_x \in R(G)$ は $i^*_{S^1} x = y_x b_{\tilde{\mathbb{C}}^{\frac{1}{2}}}$ で定義される. ここで, $b_{\tilde{\mathbb{C}}^{\frac{1}{2}}}$ はボット類である.

補題 **7.38.** Z がレベル l の G-SWF 型空間とする. l を偶数とする. このとき, ある $m \in \mathbb{Z}_{\geqslant 0}$ が存在して, $w^m, z^m \in \mathcal{I}(Z)$ である. ここで, $w, z \in R(G)$ は命題 2.7 で定義されたものである.

証明はマノレスクの論文[50]の 3 節を見よ.

j 作用のトレースは環準同型

$$
\mathrm{Tr}_j : R(G) \to \mathbb{Z}
$$

を定める. $\mathrm{Tr}_j(w) = \mathrm{Tr}_j(z) = 2$ である. $\mathbb{Z}$ は単項イデアル整域であるから, 補題 7.38 より, ある $k \in \mathbb{Z}_{\geqslant 0}$ が存在して

$$
\mathrm{Tr}_j(\mathcal{I}(Z)) = (2^k) \tag{7.15}
$$

と書ける. (2^k) は 2^k で生成される $\mathbb{Z}$ のイデアルである.

定義 **7.39.** Z をレベル l の SWF 型の G 空間とする. l は 0 以上の偶数であるとする. $k(Z) \in \mathbb{Z}_{\geqslant 0}$ を (7.15) を満たす整数 k とする.

定義 **7.40.** Z をレベル l の G-SWF 型空間とする. l は 0 以上の偶数であるとする. ある $k \in \mathbb{Z}_{\geqslant 0}$ が存在して

$$
\mathcal{I}(Z) = (z^k)
$$

となるとき, Z を K_G-分離型と呼ぶことにする.

次が G-SWF 型空間に対するボルスク–ウラム型定理である.

定理 **7.41.** Z_0, Z_1 をそれぞれレベル l_0, l_1 の G-SWF 型の空間とする. l_0, l_1 は 0 以上の偶数であるとする. また

$$f : Z_0 \to Z_1$$

を G 写像とする. $l_0 < l_1$ で,

$$f^G : Z_0^G \to Z_1^G$$

はホモトピー同値であるとする. このとき,

$$k(Z_0) + \frac{1}{2}l_0 \leqslant k(Z_1) + \frac{1}{2}l_1$$

が成り立つ. さらに Z_0 が K_G-分離型ならば

$$k(Z_0) + \frac{1}{2}l_0 + 1 \leqslant k(Z_1) + \frac{1}{2}l_1$$

が成り立つ.

証明. 次の可換図式を考える.

$$
\begin{array}{ccc}
\tilde{K}_G(Z_0) & \xleftarrow{\quad f^* \quad} & \tilde{K}_G(Z_1) \\
{\scriptstyle i_{S^1}^*}\big\downarrow & & \big\downarrow{\scriptstyle i_{S^1}^*} \\
\tilde{K}_G((\tilde{\mathbb{C}}^{\frac{1}{2}l_0})^+) = R(G)b_{\tilde{\mathbb{C}}^{\frac{1}{2}l_0}} & \xleftarrow{(f^{S^1})^*} & \tilde{K}_G((\tilde{\mathbb{C}}^{\frac{1}{2}l_1})^+) = R(G)b_{\tilde{\mathbb{C}}^{\frac{1}{2}l_1}} \\
{\scriptstyle i_G^*}\big\downarrow & & \big\downarrow{\scriptstyle i_G^*} \\
\tilde{K}_G(Z_0^G) = R(G) & =\!=\!=\!=\!=\!= & \tilde{K}_G(Z_1^G) = R(G)
\end{array}
$$

$x \in \tilde{K}_G(Z_1)$ に対して,

$$i_{S^1}^* f^*(x) = (f^{S^1})^* i_{S^1}^* x = (f^{S^1})^*(y_x b_{\tilde{\mathbb{C}}^{\frac{1}{2}l_1}}) = y_x (f^{S^1})^* b_{\tilde{\mathbb{C}}^{\frac{1}{2}l_1}} = y_x \beta b_{\tilde{\mathbb{C}}^{\frac{1}{2}l_0}}$$

ここで,

$$(f^{S^1})^* b_{\tilde{\mathbb{C}}^{\frac{1}{2}l_1}} = \beta b_{\tilde{\mathbb{C}}^{\frac{1}{2}l_0}}, \ \beta \in R(G)$$

である.

$$i_G^*(b_{\mathbb{C}^{\frac{1}{2}l}}) = w^{\frac{1}{2}l}$$

であることと, 上の可換図式から

$$w^{\frac{1}{2}l_0}\beta = w^{\frac{1}{2}l_1} \tag{7.16}$$

となる.

$\tilde{\mathbb{C}}$ への S^1 作用は自明であることと, $l_0 < l_1$ であることから

$$f^{S^1} : (\tilde{\mathbb{C}}^{\frac{1}{2}l_0})^+ \to (\tilde{\mathbb{C}}^{\frac{1}{2}l_1})^+$$

は自明な写像に S^1 ホモトピックである.

$$(f^{S^1})^* : K_{S^1}((\tilde{\mathbb{C}}^{\frac{1}{2}l_1})^+) \to K_{S^1}((\tilde{\mathbb{C}}^{\frac{1}{2}l_0})^+)$$

は零写像になる. よって,

$$\beta \in \ker(R(G) \to R(S^1)).$$

命題 2.7 より

$$\beta = \alpha w, \ \alpha \in \mathbb{Z}$$

とかける. (7.16) と $w^2 = 2w$ (命題 2.7) より

$$\beta = 2^{\frac{1}{2}(l_1-l_0)-1} w.$$

よって

$$2^{\frac{1}{2}(l_1-l_0)-1} w y_x \in \mathcal{I}(Z_0)$$

となり

$$2^{\frac{1}{2}(l_1-l_0)-1} w \mathcal{I}(Z_1) \subset \mathcal{I}(Z_0).$$

これより

$$k(Z_1) + \frac{1}{2}(l_1 - l_0) \geqslant k(Z_0)$$

を得る.

Z_0 が K_G-分離型と仮定する.

$$\mathcal{I}(Z_0) = (z^{k_0})$$

と書ける. ただし, $k_0 = k(Z_0)$ である. $\mathrm{Tr}_j(y_x) = 2^{k_1}$ となる $x \in \tilde{K}_G(Z_1)$ を取る. ただし, $k_1 = k(Z_1)$.

$$y_x w^{\frac{1}{2}(l_1-l_0)} = y_x w^{\frac{1}{2}(l_1-l_0)-1} w = 2^{\frac{1}{2}(l_1-l_0)-1} y_x w \in \mathcal{I}(Z_0)$$

である. ここで, 関係式 $w^2 = 2w$ (命題 2.7) を用いた. ある $\lambda \in \mathbb{Z}$ と z に関する多項式 $P(z)$ があって,

$$2^{\frac{1}{2}(l_1-l_0)-1} y_x w = (\lambda w + P(z)) z^{k_0}$$

と書ける. $zw = 2w$ (命題 2.7) より,

$$2^{\frac{1}{2}(l_1-l_0)-1} y_x w = \lambda w z^{k_0} + P(z) z^{k_0} = \lambda 2^{k_0} w + P(z) z^{k_0}$$

となる. よって, $P(z) = 0$ で, 両辺の j のトレースを取って

$$2^{\frac{1}{2}(l_1-l_0)+k_1} = \lambda 2^{k_0+1}.$$

したがって,

$$\frac{1}{2}(l_1 - l_0) + k(Z_1) \geqslant k(Z_0) + 1$$

を得る. □

補題 7.42. Z をレベル l の G-SWF 型空間とする. l は 0 以上の偶数とする. このとき,

$$\mathcal{I}(\Sigma^{\tilde{\mathbb{R}}^2} Z) = \mathcal{I}(Z), \ \mathcal{I}(\Sigma^{\mathbb{H}} Z) = z\mathcal{I}(Z)$$

である. 特に

$$k(\Sigma^{\tilde{\mathbb{R}}^2} Z) = k(Z), \ k(\Sigma^{\mathbb{H}} Z) = k(Z) + 1$$

となる.

証明. ボット周期性定理

$$\tilde{K}_G(\Sigma^{\tilde{\mathbb{R}}^2} Z) = \tilde{K}_G(\Sigma^{\tilde{\mathbb{C}}} Z) \cong \tilde{K}_G(Z)$$

によって, 写像 (7.14) の像が変わらず,

$$\mathcal{I}(\Sigma^{\tilde{\mathbb{R}}^2} Z) = \mathcal{I}(Z)$$

となる. また $\mathbb{H}^+$ のボット類を $b_{\mathbb{H}} \in \tilde{K}_G(\mathbb{H}^+)$ とすると

$$\tilde{K}_G(\Sigma^{\mathbb{H}} Z) = \tilde{K}_G(Z) b_{\mathbb{H}}$$

である. $b_{\mathbb{H}}$ の S^1 不動点 $(\mathbb{H}^+)^{S^1} (= S^0)$ への制限は $z \in \tilde{K}_G(S^0) = R(G)$ であるから,

$$\mathcal{I}(\Sigma^{\mathbb{H}} Z) = z\mathcal{I}(Z)$$

を得る. □

例 7.43. l を 0 以上の偶数とする.

$$\mathcal{I}((\tilde{\mathbb{R}}^l \oplus \mathbb{H}^n)^+) = (z^n), \quad k((\tilde{\mathbb{R}}^l \oplus \mathbb{H}^n)^+) = n$$

である. $(\tilde{\mathbb{R}}^l \oplus \mathbb{H}^n)^+$ は K_G-分離型である.

7.6 境界付き 4 次元多様体の交叉形式

相対バウアー–古田不変量を用いて, 滑らかな境界付き 4 次元多様体の交叉形式への制限が与えられることを示す. 定理 4.3 や定理 4.9 の拡張となっている.

Y を向きの付いた閉 3 次元多様体で $b_1(Y) = 0$ を満たし，$\mathfrak{t}$ を Y の spin^c 構造，g を Y のリーマン計量とする．(N, L) を定理 7.9 で得られる $\mathrm{Inv}(B(V_\lambda^\mu, R); \varphi_\lambda^\mu)$ の S^1 同変コンレイ対とする．ただし，$\lambda \ll 0 \ll \mu$.

補題 7.44. N/L は定義 7.32 の意味でレベル $\dim(V_\mathbb{R})_\lambda^0$ の SWF 型空間である．ここで，$V_{\lambda,\mathbb{R}}^0 = (V_\lambda^0)^{S^1} = V_\lambda^0 \cap i\Omega^1(Y)$.

証明. S^1 不動点集合 $V_{\lambda,\mathbb{R}}^\mu$ では，φ_λ^μ は線形作用素

$$*d : V_{\lambda,\mathbb{R}}^\mu \to V_{\lambda,\mathbb{R}}^\mu$$

から誘導される流れである．したがって，ホモトピー同値

$$(N/L)^{S^1} \sim S^{\dim_\mathbb{R} V_{\lambda,\mathbb{R}}^0}$$

がある．また，V_λ^μ 上の S^1 作用は $V_\lambda^\mu \backslash V_{\lambda,\mathbb{R}}^\mu$ 上では自由である．よって $(N/L) \backslash (N/L)^{S^1}$ 上で S^1 作用は自由となる． $\square$

定義 7.45. $n(Y, \mathfrak{t}, g) \in \mathbb{Q}$ を (7.6) で定義された数とする．

$$h(Y, \mathfrak{t}) = h(N/L) - \dim_\mathbb{C} V_{\lambda,\mathbb{C}}^0 - n(Y, \mathfrak{t}, g) \in \mathbb{Q}$$

と定義する．ここで，$V_{\lambda,\mathbb{C}}^0 = V_\lambda^0 \cap \Gamma(S)$ である．

命題 7.46. 定義 7.45 で定義された $h(Y, \mathfrak{t})$ は λ, μ, g に依存しない $(Y, \mathfrak{t})$ の不変量である．

証明. g' をもう 1 つの Y のリーマン計量で，$\lambda' \ll 0, \mu' \gg 0$，$(N', L')$ を g' に関する $\mathrm{Inv}(B(V_{\lambda'}^{\mu'}, R))$ の指数対とする．定理 7.14 より，$p, q \gg 0$ に対して，S^1 ホモトピー同値

$$\Sigma^{V_{\lambda'}^0} \Sigma^{\mathbb{R}^p \oplus \mathbb{C}^q} N/L \cong \Sigma^{V_\lambda^0} \Sigma^{\mathbb{R}^p \oplus \mathbb{C}^{q+n(Y,\mathfrak{t},g)-n(Y,\mathfrak{t},g')}} N'/L'$$

がある．補題 7.35 より，

$$h(N/L) - \dim_\mathbb{C} V_{\lambda,\mathbb{C}}^0 - n(Y, \mathfrak{t}, g) = h(N'/L') - \dim_\mathbb{C} V_{\lambda',\mathbb{C}}^0 - n(Y, \mathfrak{t}, g').$$

$\square$

$h(Y, \mathfrak{t})$ はもともと，サイバーグ–ウィッテン–フレアーホモロジーを用いて，フロイショフ[27]が定義したものである．$h(Y, \mathfrak{t})$ を**フロイショフ不変量**と呼ぶ．

$h(Y, \mathfrak{t})$ を用いて，ドナルドソンの定理（定理 4.3）を拡張できる．X を向きの付いた滑らかなコンパクト 4 次元多様体とし，$\partial X = Y$ とする．このとき，閉多様体のときと同様に交叉形式

$$Q_X : H_2(X; \mathbb{Z})/\mathrm{Tor} \otimes H_2(X; \mathbb{Z})/\mathrm{Tor} \to \mathbb{Z}$$

がある. ただし, Q_X はユニモジュラーとは限らない. Q_X がユニモジュラーであることと, $H_1(Y;\mathbb{Z}) = 0$ は同値である.

定理 7.47(フロイショフ[27]). Y_0, Y_1 を向きの付いた 3 次元閉多様体で, $b_1 = 0$ とする. $\mathsf{t}_0, \mathsf{t}_1$ を Y_0, Y_1 の spin^c 構造とする. $(X, \mathfrak{s})$ を (Y_0, t_0) から (Y_1, t_1) への滑らかな spin^c 同境とする. このとき

$$\frac{c_1(\mathsf{t})^2 + b_2(X)}{8} + h(Y_0, \mathsf{t}_0) \leqslant h(Y_1, \mathsf{t}_1)$$

が成り立つ.

証明. $b_1(X) > 0$ のときは, $H_1(X;\mathbb{Z})$ を生成するループの沿って手術し, 交叉形式を変えずに, $b_1(X) = 0$ とできる. 以後, $b_1(X) = 0$ とする. $(X, \mathfrak{s})$ の相対バウアー–古田不変量

$$\Psi_X(\mathfrak{s}) : \Sigma^{\mathbb{C}^{\frac{c_1(\mathfrak{s})^2 - \sigma(X)}{8}}} SWF(Y_0, \mathsf{t}_0) \to SWF(Y_1, \mathsf{t}_0)$$

は S^1 写像

$$f : \Sigma^{\mathbb{R}^{m_0} \oplus \mathbb{C}^{n_0 + a}}(N_0/L_0) \to \Sigma^{\mathbb{R}^{m_1} \oplus \mathbb{C}^{n_1}}(N_1/L_1)$$

で代表される. ただし $m_0, m_1, n_0, n_1 \gg 0$ で

$$m_0 - m_1 = \dim_{\mathbb{R}} V(Y_1)^0_{\lambda, \mathbb{R}} - \dim_{\mathbb{R}} V(Y_0)^0_{\lambda, \mathbb{R}},$$
$$n_0 - n_1 = \dim_{\mathbb{C}} V(Y_1)^0_{\lambda, \mathbb{C}} - \dim_{\mathbb{C}} V(Y_0)^0_{\lambda, \mathbb{C}},$$
$$a = \frac{c_1(\mathfrak{s})^2 - \sigma(X)}{8} = \frac{c_1(\mathfrak{s})^2 + b_2(X)}{8}.$$

ここで S^1 不動点集合 $\Sigma^{\mathbb{R}^{m_0}}(N_0/L_0)^{S^1}$, $\Sigma^{\mathbb{R}^{m_1}}(N_1/L_1)^{S^1}$ はともに次元が

$$m_0 + \dim_{\mathbb{R}} V(Y_0)^0_{\lambda, \mathbb{R}} \ (= m_1 + \dim_{\mathbb{R}} V(Y_1)^0_{\lambda, \mathbb{R}})$$

の球面である. f の S^1 不動点集合への制限は作用素 d^+ であり, X が負定値であるから, 同型である. よって定理 7.34 により

$$h(\Sigma^{\mathbb{R}^{m_0} \oplus \mathbb{C}^{n_0 + a}}(N_0/L_0)) \leqslant h(\Sigma^{\mathbb{R}^{m_1} \oplus \mathbb{C}^{n_1}}(N_1/L_1))$$

を得る. 補題 7.35 と定義 7.45 より, 主張を得る. $\quad\square$

X が Y を境界とする 4 次元多様体のとき, X から小さい 4 次元円盤を取り除くことにより, S^3 から Y への同境を得る. $h(S^3, \mathsf{t}_{S^3}) = 0$ であるから, 次を得る.

系 7.48. $(X, \mathfrak{s})$ をコンパクトな滑らかな spin^c 4 次元多様体で, (Y, t) を境界とする. Q_X は負定値, $b_1(Y) = 0$ と仮定する. このとき,

$$\frac{c_1(\mathsf{t})^2 + b_2(X)}{8} \leqslant h(Y, \mathfrak{s})$$

が成り立つ.

　この不等式は滑らかな 4 次元多様体 X の交叉形式に制限を与えていることになる. $H_1(Y; \mathbb{Z}) = 0$ とする. このとき, ポアンカレ双対と普遍係数定理から $H_2(Y; \mathbb{Z}) = 0$ となる. よって, Y の spin^c 構造は, (同型を除いて) ただ 1 つである. $h(Y, \mathfrak{t}) = 0$ とする. Q_X はユニモジュラーであるから, 定理 5.38 より, Q_X は対角化可能である. $Y = S^3$ とすれば, ドナルドソンの定理 (定理 4.3) となる.

　$G = \mathrm{Pin}(2)$ とする.

定義 7.49. $(Y, \mathfrak{t})$ を spin 閉 3 次元多様体で $b_1(Y) = 0$ とする. このとき,

$$\kappa(Y, \mathfrak{t}) = 2\left(k(N/L) - \dim_{\mathbb{H}} V^0_{\lambda, \mathbb{H}}\right) - n(Y, g, \mathfrak{s}) \in \frac{1}{8}\mathbb{Z}$$

と定義する. ただし, $\lambda \ll 0, \mu \gg 0$, (N, L) は $\mathrm{Inv}(B(V^\mu_\lambda, R), \varphi^\mu_\lambda)$ の G 同変指数対, $V^0_{\lambda, \mathbb{H}} = V^0_\lambda \cap \Gamma(S)$ である.

命題 7.50. $\kappa(Y, \mathfrak{t})$ の値は, λ, μ, g の選び方に依存しない $(Y, \mathfrak{s})$ の不変量である.

証明. 定理 7.16 と補題 7.42 から従う. □

　$\kappa(Y, \mathfrak{t})$ はマノレスク[50]によって定義された不変量である.

定理 7.51 (マノレスク[50]). $(X, \mathfrak{s})$ を $(Y_0, \mathfrak{t}_0)$ から $(Y_1, \mathfrak{t}_1)$ への滑らかな spin 同境で, $b^+(X) > 0$ とする. このとき,

$$-\frac{\sigma(X)}{8} + \kappa(Y_0, \mathfrak{t}_0) - 1 \leqslant b^+(X) + \kappa(Y_1, \mathfrak{t}_1)$$

が成り立つ. また, $(Y_0, \mathfrak{t}_0)$ が K_G-分離型ならば,

$$-\frac{\sigma(X)}{8} + \kappa(Y_0, \mathfrak{t}_0) + 1 \leqslant b^+(X) + \kappa(Y_1, \mathfrak{t}_1)$$

が成り立つ.

証明. 必要ならば, いくつかの閉曲線に沿って手術することで, $b_1(X) = 0$ としてよい.

　G 同変バウアー–古田不変量 (7.13) は, G 同変写像

$$f : Z_0 = \Sigma^{\tilde{\mathbb{R}}^{m_0} \oplus \mathbb{H}^{m_1 - \frac{\sigma(X)}{16}}}(N_0/L_1) \to Z_1 = \Sigma^{\tilde{\mathbb{R}}^{m_1 + b^+(X)} \oplus \mathbb{H}^{n_1}}(N_1/L_1)$$

で代表される. ただし,

$$m_0 - m_1 = \dim_{\mathbb{R}} V(Y_1)^0_{\lambda, \tilde{\mathbb{R}}} - \dim_{\mathbb{R}} V(Y_0)^0_{\lambda, \tilde{\mathbb{R}}},$$

$$n_0 - n_1 = \dim_{\mathbb{H}} V(Y_1)^0_{\lambda, \mathbb{H}} - \dim_{\mathbb{H}} V(Y_0)^0_{\lambda_0, \mathbb{H}}$$

$$+\frac{1}{2}n(Y_1, \mathfrak{t}_1, g_1) - \frac{1}{2}n(Y_0, \mathfrak{t}_0, g_0).$$

Z_0 と Z_1 はそれぞれ，レベル

$$l_0 = m_0 + \dim_{\mathbb{R}} V(Y_0)^0_{\lambda_0, \tilde{\mathbb{R}}}, \quad l_1 = m_1 + \dim_{\mathbb{R}} V(Y_1)^0_{\lambda_1, \tilde{\mathbb{R}}} + b^+(X)$$

の SWF 型空間である．$l_0 - l_1 = b^+(X)$ である．もし，$b^+(X)$ が偶数ならば，レベルがともに偶数としてよい．定理 7.41 を適用できて，

$$k(Z_0) + \frac{1}{2}l_0 \leqslant k(Z_1) + \frac{1}{2}l_1$$

を得る．補題 7.42 と定義 7.49 から，

$$-\frac{\sigma(X)}{8} + \kappa(Y_0, \mathfrak{t}_0) \leqslant b^+(X) + \kappa(Y_1, \mathfrak{t}_1)$$

を得る．

$b^+(X)$ が奇数のとき，X と $S^2 \times S^2$ の連結和を考える．

$$b^+(X \# S^2 \times S^2) = b^+(X) + 1, \quad \sigma(X \# S^2 \times S^2) = \sigma(X)$$

より，$b^+(X \# S^2 \times S^2)$ は偶数である．先の議論を $X \# S^2 \times S^2$ に適用して，

$$-\frac{\sigma(X)}{8} + \kappa(Y_0, \mathfrak{t}_0) - 1 \leqslant b^+(X) + \kappa(Y_1, \mathfrak{t}_1)$$

を得る．

$(Y_0, \mathfrak{t}_0)$ が K_G-分離型と仮定する．$b^+(X)$ が偶数のとき，定理 7.41 から

$$k(Z_0) + \frac{1}{2}l_0 + 1 \leqslant k(Z_1) + \frac{1}{2}l_1$$

を得る．これより

$$-\frac{\sigma(X)}{8} + \kappa(Y_0, \mathfrak{t}_0) + 2 \leqslant b^+(X) + \kappa(Y_1, \mathfrak{t}_1)$$

を得る．$b^+(X)$ が奇数のときは，連結和 $X \# S^2 \times S^2$ を考えて

$$-\frac{\sigma(X)}{8} + \kappa(Y_0, \mathfrak{t}_0) + 1 \leqslant b^+(X) + \kappa(Y_1, \mathfrak{t}_1).$$

□

系 7.52. X を向きの付いた，滑らかな，コンパクト 4 次元多様体で，境界を Y とする．$\mathfrak{s}$ を X の spin 構造とする．$\mathfrak{t} := \mathfrak{s}|_Y$ とする．$b^+(X) > 0$ ならば

$$-\frac{\sigma(X)}{8} + 1 \leqslant b^+(X) + \kappa(Y, \mathfrak{t})$$

証明. X から小さい 4 次元円盤を取り除いて得られる 4 次元多様体を X' とする．このとき，X' は S^3 から Y への同境になる．$(S^3, \mathfrak{t}_{S^3})$ は K_G-分離型で，$\kappa(S^3, \mathfrak{t}_{S^3}) = 0$ である．定理 7.51 を X' に適用して，主張を得る． □

ここで，$Y = S^3$ とすれば，定理 4.9 を得られる（5.8 節も参照）．

7.7　計算やその他の応用

サイバーグ–ウィッテン–フレアー安定ホモトピー型 $SWF(Y, \mathfrak{t})$ や不変量 $\kappa(Y, \mathfrak{t})$ の計算は容易でない．マノレスク[49]により，ザイフェルトファイバー空間のいくつかの系列に対して，$SWF(Y, \mathfrak{t})$ が計算されたものの，その後，計算に関してはほぼ進展がなかった．しかし，最近になって，ダイ–笹平–ストフレンゲン[18]は，$H_1(Y; \mathbb{Q}) = 0$ を満たすザイフェルトファイバー空間のすべてを含む 3 次元多様体のあるクラスに対して，$SWF(Y, \mathfrak{t})$ を具体的に計算した．さらに $\kappa(Y, \mathfrak{t})$ の値を求めたり，評価を与えたりしている．これまでより，大幅に計算例が増えたことになる．今後，この計算を用いた応用が期待される．$SWF(Y, \mathfrak{t})$ や $\kappa(Y, \mathfrak{t})$ の計算については，この論文[18]を参照．

サイバーグ–ウィッテン–フレアー安定ホモトピー型 $SWF(Y, \mathfrak{t})$ の応用としては，本書では境界付き 4 次元多様体の交叉形式に関するものを述べた．3 次元多様体 Y を固定し，Y を境界とする 4 次元多様体の交叉形式はどのような 2 次形式が可能かという問題は，まだまだよく分かっていない．これに関する研究はサイバーグ–ウィッテン理論ならずドナルドソン理論を用いたものもある．例えば，スカデュト[67], [68]の論文を参照．

交叉形式以外への応用として，マノレスク[51]による位相多様体の三角形分割に関する未解決問題の解決がある．この論文では，$SWF(Y, \mathfrak{t})$ の $\mathbb{Z}_2$ 係数 Pin(2) 同変ホモロジー $H_*^{\mathrm{Pin}(2)}(SWF(Y, \mathfrak{t}); \mathbb{Z})$ を用いて，フロイショフ型不変量 $\alpha(Y, \mathfrak{t}), \beta(Y, \mathfrak{t}), \gamma(Y, \mathfrak{t})$ を導入している．これらの不変量の性質を用いて，ロホリン不変量に関するある問題を解決した．これと松本堯生氏[53]やガレウスキー–スターン[30]による結果と組み合わせることにより，5 次元以上の各次元に三角形分割を許さない位相多様体が存在することが示されている．なお，リン[46] により，フレアーホモトピー型を用いず，フレアーホモロジーを用いても同様の解決ができることが示されている．別の応用として，今野–谷口[39] による境界付き 4 次元多様体の微分同相群への応用がある．サイバーグ–ウィッテン–フレアーホモトピー型 $SWF(Y, \mathfrak{t})$ を用いて，Y を境界とする 4 次元多様体 X の微分同相群 $\mathrm{Diff}(X)$ と同相群 $\mathrm{Homeo}(X)$ が弱ホモトピー同値でないような例を見つけている．また，今野–宮澤–谷口[38]は $\kappa(Y, \mathfrak{t})$ の結び目への応用を行なっている．サイバーグ–ウィッテン–フレアー安定ホモトピー型の計算[18]により，これらの応用が，より多くの多様体や結び目に対して適用されることが期待される．

参考文献

[1] 荒木捷朗，一般コホモロジー，紀伊國屋書店，1975.

[2] 橋本義武，ゲージ理論の基礎数理—物理学的背景からトポロジー，微分幾何学，関数解析まで（SGC ライブラリ 114）サイエンス社，2015（電子版：2019）.

[3] 深谷賢治，ゲージ理論とトポロジー（シュプリンガー現代数学シリーズ）丸善出版，2012.

[4] 松本幸夫，Morse 理論の基礎，岩波書店，2005.

[5] S. Akbulut, A Fake compact contractible 4-manifold, J. Differ. Geom. **33** (1991), 335–356.

[6] S. Akbulut, 4-manifolds, Oxford Graduate Texts in Mathematics. Oxford University Press, 2016.

[7] S. Akbulut and K. Yasui, Corks, plugs and exotic structures, J. Gokova Geom. Topol. **2** (2008), 40–82.

[8] S. Akbulut and K. Yasui, Cork twisting exotic Stein 4-manifolds, J. Differential Geom. **93** (2013), 1–36.

[9] M. F. Atiyah, K-theory, W. A. Benjamin, Inc., New York-Amsterdam, 1967.

[10] M. F. Atiyah, Bott periodicity and the index of elliptic operators, Quart. J. Math. Oxford Ser. **19** (1968), 113–140.

[11] M. F. Atiyah, V. K. Patodi and I. M. Singer, Spectral asymmetry and Riemannian Geometry. I, Math. Proc. Cambridge Philos. Soc. **77** (1975), 43–69.

[12] S. Bauer, A stable cohomotopy refinement of Seiberg-Witten invariants: II, Invent. math. **155** (2004), 21–40.

[13] S. Bauer and M. Furuta, A stable cohomotopy refinement of Seiberg-Witten invariants: I, Invent. math. **155** (2004), 1–19.

[14] C. Conley, Isolated invariant sets and the Morse index, CBMS Regional Conference Series in Mathematics, 38. American Mathematical Society, Providence, RI, 1978.

[15] C. Conley and R. Easton, Isolated invariant sets and isolating blocks, Transactions of the American Mathematical Society **158** (1971), 35–61.

[16] C. L. Curtis, M. H. Freedman, W. C. Hsiang and R. Stong, A decomposition theorem for h-cobordant smooth simply-connected compact 4-manifolds, Invent. math. **123** (1996), 343–348.

[17] I. Dai, M. Hedden and A. Mallick, Corks, involutions, and Heegaard Floer homology, J. Eur. Math. Soc. **25** (2023), 2319–2389.

[18] I. Dai, H. Sasahira and M. Stoffregen, Lattice homology and Seiberg-Witten-Floer spectra, preprint (arXiv:2309.01253).

[19] S. K. Donaldson, An application to gauge theory to four dimensional topology, J. Differential Geometry **18** (1983), 279–315.

[20] S. K. Donaldson, Connections, cohomology and the intersection forms of 4-manifolds, J. Differential Geometry **24** (1986), 275–341.

[21] S. K. Donaldson with the assistance of M. Furuta and D. Kotschick, Floer homology groups in Yang-Mills theory, Cambridge Tracts in Math. 147 Cambridge University Press, Cambridge, 2002.

[22] N. Elkies, A characterization of the $\mathbb{Z}^n$ lattice, Math. Res. Lett. **2** (1995), 321–326.

[23] A. Floer, A refinement of the Conley index and an application to the stability of hyperbolic invariant sets, Ergodic Theory Dynam. Systems **7** (1987), 93–103.

[24] A. Floer, An instanton-invariant for 3 -manifolds, Comm. Math. Phys. **118** (1988), 215–240.

[25] A. Floer, Morse theory for Lagrangian intersections, J. Differential Geom. **28** (1988), 513–547.

[26] M.H. Freedman, The topology of smooth four-dimensional manifolds, J. Diff. Geom. **17** (1982), 357–453.

[27] K. A. Froyshøv, Monopole Floer homology for rational homology 3-spheres, Duke Math. J. **155** (2010), 519–576.

[28] K. Fukaya, Y-G. Oh, H. Ohta and K. Ono, Lagrangian intersection Floer theory: anomaly and obstruction. Part I, Part II, AMS/IP Stud. Adv. Math., 46.1 American Mathematical Society, Providence, RI, International Press, Somerville, MA, 2009.

[29] M. Furuta, Monopole equation and the $\frac{11}{8}$-conjecture, Mathematical Research Letters **8** (2001), 279–291.

[30] D. E. Galewski and R. J. Stern, Classification of simplicial triangulations of topological manifolds. Ann. of Math. **111** (1980), 1–34.

[31] R. E. Gompf, Three exotic $\mathbb{R}^4$'s and other anomalies, J. Differential Geometry, **18** (1983), 317–328.

[32] R. E. Gompf, Infinite order corks, Geom. Topol. **21** (2017), 2475–2484.

[33] R.E. Gompf and A.I. Stipsicz, 4-manifolds and Kirby Calculus, American Mathematical Society, 1999.

[34] Edited by Helmut Hofer, Clifford H. Taubes, Alan Weinstein and Eduard Zehnder, The Floer memorial volume, Progr. Math. 133 Birkhäuser Verlag, Basel, 1995.

[35] T. Khandhawit, A new gauge slice for the relative Bauer-Furuta invariants, Geom. Topol. **19** (2015), 1631–1655.

[36] T. Khandhawit, J. Lin and H. Sasahira, Unfolded Seiberg–Witten Floer spectra I: Definition and invariance, Geom. Topol. **22** (2018), 2027–2114.

[37] T. Khandhawit, J. Lin and H. Sasahira, Unfolded Seiberg–Witten Floer spectra II: Relative invariants and the gluing theorem, Journal of Differential Geometry **124** (2023), 231–316.

[38] H. Konno, J. Miyazawa and M. Taniguchi, Involutions, knots, and Floer K-theory,

preprint (arXiv:2110.09258).

[39] H. Konno and M. Taniguchi, The groups of diffeomorphisms and homeomorphisms of 4-manifolds with boundary, Adv. Math. **409** (2022), Paper No. 108627, 58 pp.

[40] P. Kronheimer and C. Manolescu, Periodic Floer pro-spectra from the Seiberg-Witten equations, preprint (arXiv:math/0203243).

[41] P. Kronheimer and T. Mrowka, Monopoles and three-manifolds, New Mathematical Monographs 10, Cambridge University Press, 2007.

[42] H. B. Lawson and Jr. M. Michelsohn, Spin Geometry, Princeton University Press, 1990.

[43] J. Leray and J. Schauder, Topologie et équations fonctionnelles, Ann. Sci. École Norm. Sup. (3) **51** (1934), 45–78.

[44] L. G. Lewis, Jr, J. P. May and M. Steinberger, Equivariant stable homotopy theory, Lecture Notes in Mathematics, Springer, 1986.

[45] T. Lidman and C. Manolescu, The equivalence of two Seiberg-Witten Floer homologies, Astérisque, no. 399, vii+220 pp., American Mathematical Society, 2018.

[46] F. Lin, A Morse-Bott approach to monopole Floer homology and the triangulation conjecture, Mem. Amer. Math. Soc. 255, no. 1221, v+162 pp., American Mathematical Society, 2018.

[47] J. Lin, D. Rubermn and N. Saveliev, On the Froyshov invariant and monopole Lefschetz number, J. Differential Geom. **123**, 523–593.

[48] C. Manolescu, Seiberg-Witten-Floer stable homotopy type of three-manifolds with $b_1 = 0$, Geom. Topol. **7** (2003), 889–932.

[49] C. Manolescu, A gluing theorem for the relative Bauer-Furuta invariants, J. Differential Geometry **76** (2007), 117–153.

[50] C. Manolescu, On the intersection forms of spin four-manifolds with boundary, Math. Ann. **359** (2014), 695–728.

[51] C. Manolescu, Pin(2)-equivariant Seiberg-Witten Floer homology and the triangulation conjecture, J. Amer. Math. Soc. **29** (2016), 147–176.

[52] Y. Matsumoto, On the bounding genus of homology 3 -spheres, J. Fac. Sci. Univ. Tokyo Sect. IA Math. **29** (1982), 287–318.

[53] T. Matumoto, Triangulation of manifolds, Algebraic and geometric topology, (Proc. Sympos. Pure Math., Stanford Univ., Stanford, Calif., 1976), Proc. Sympos. Pure Math., XXXII, Amer. Math. Soc., Providence, R.I., 1978, pp. 3–6.

[54] R. Matveyev, A decomposition of smooth simply-connected h-cobordant 4-manifolds, J. Differ. Geom. **44** (1996), 571–582.

[55] J. Matoušek, Using the Borsuk-Ulam theorem, Lectures on topological methods in combinatorics and geometry. Written in cooperation with Anders Björner and Günter M. Ziegler. Universitext. Springer-Verlag, Berlin, 2003.

[56] J. Milnor, Morse theory, Ann. of Math. Stud. No. 51, Princeton University Press, Prince-

ton, NJ, vi+153 pp., 1963.

[57] J. W. Morgan, The Seiberg-Witten equations and applications to the topology of smooth four-manifolds, Princeton University Press, 1995.

[58] J. W. モーガン，二木昭人（訳），サイバーグ・ウィッテン理論とトポロジー，培風館，1998.

[59] W. D. Neumann and F. Raymond, Seifert manifolds, plumbig, μ-invariant and orientation reversing maps, Algebraic and geometrie topology (Santa Barbara, 1977), 163–196. Lecture Notes in Math. 664. Springer, 1978.

[60] L. I. Nicolaescu, Notes on Seiberg-Witten theory, American Mathematical Society, Providence, RI, 2000.

[61] L. I. Nicolaescu, Seiberg-Witten Invariants of Lens spaces, Canad. J. Math. **53** (4) (2001), 780–808.

[62] Y. B. Rudyak, On Thom spectra, Orientability, and Cobordsim, Springer, 1998.

[63] D. Salamon, Connected simple systems and the Conley index of isolated invariant sets, Transactions of the American Mathematical Society **291** (1985), 1–41.

[64] H. Sasahira, Spin structures on Seiberg-Witten moduli spaces J. Math. Sci. Univ. Tokyo **13** (2006), 347–363.

[65] H. Sasahira and M. Stoffregen, Seiberg-Witten Floer spectra for $b_1 > 0$, (2021) preprint (arXiv:2103.16536).

[66] H. Sasahira and M. Stoffregen, Exact triangles in Seiberg-Witten Floer spectra, in preparation.

[67] C. Scaduto, On definite lattices bounded by a homology 3-sphere and Yang-Mills instanton Floer theory, preprint (arXiv:1805.07875).

[68] C. Scaduto, Niemeier lattices, smooth 4-manifolds and instantons, Math. Ann. **379** (2021), 549–568.

[69] G. Segal, Equivariant K-theory, Inst. Hautes Études Sci. Publ. Math. **34** (1968), 129–151.

[70] J. P. Serre, A course in Arithmetic, Grad. Texts in Math., No. 7 Springer-Verlag, New York-Heidelberg, 1973.

[71] J. Stallings, The piecewise-linear structure of Euclidean space, Proc. Cambridge Philos. Soc. **58** (1962), 481–488.

[72] M. Tange, Non-existence theorem on infinite order corks, Adv. Math. **429** (2023), Paper No. 109176, 20 pp.

[73] M. E. Taylor, Partial differential equations I, Basic theory, 2nd edition, Springer, 2010.

[74] C. H. Taubes, Gauge theory on asymptotically periodic 4-manifolds, J. Differential Geometry **26** (1987), 363–430.

[75] C. H. Taubes, The Seiberg-Witten invariants and symplectic forms, Mathematical Research Letters **1**, 809–822 (1994).

[76] T.-P. Tsai, Lectures on Navier-Stokes equations, Graduate Studies in Mathematics 192, American Mathematical Society, 2018.

索　引

著 者 略 歴

笹平 裕史
ささひら　ひろふみ

2007 年　東京大学大学院数理科学研究科博士課程修了
　　　　博士（数理科学）取得
2023 年　九州大学大学院数理学研究院教授
専門分野　幾何学，ゲージ理論，フレアー理論

SGC ライブラリ-189
サイバーグ−ウィッテン方程式
ホモトピー論的手法を中心に

2024 年 2 月 25 日 ©　　　　　　　　初 版 発 行

著 者　笹平 裕史　　　　　　発行者　森 平 敏 孝
　　　　　　　　　　　　　　印刷者　山 岡 影 光

発行所　　株式会社　サイエンス社

〒151-0051　東京都渋谷区千駄ヶ谷 1 丁目 3 番 25 号
営業 ☎ (03) 5474-8500　（代）　　振替 00170-7-2387
編集 ☎ (03) 5474-8600　（代）
FAX ☎ (03) 5474-8900　　　　表紙デザイン：長谷部貴志

印刷・製本　三美印刷 (株)

《検印省略》

ISBN978−4−7819−1596−8
PRINTED IN JAPAN

サイエンス社のホームページのご案内
https://www.saiensu.co.jp
ご意見・ご要望は
sk@saiensu.co.jp　まで.

SGC ライブラリ-181：for Senior & Graduate Courses

重点解説 微分方程式と モジュライ空間

廣惠　一希　著

定価 2530 円

ガウスの超幾何関数をはじめとする特殊関数たちは解析学，代数学，幾何学のみならず，整数論，確率統計分野，そして物理学など幅広い分野で重要な役割を果たしている．本書では特殊関数の複素解析的な側面に主眼をおき，それらを理解するための手段として広く用いられているもののうちで，オイラー型積分表示式，モノドロミー表現，複素平面上の有理型線形常微分方程式，アクセサリーパラメーターを取り上げ，その基礎理論を解説する．

サイエンス社

SGC ライブラリ- 183 : for Senior & Graduate Courses

行列解析から学ぶ量子情報の数理

日合　文雄　著

定価 2860 円

本書では，量子情報の数学的基礎である行列解析からはじめて，量子情報の分野からいくつかの興味深い話題をとり上げて解説していく．数理的な側面も詳しく書かれた，量子情報を本格的に学びたい人には得難い一冊.

サイエンス社

SGC ライブラリ- 184 : for Senior & Graduate Courses

物性物理と トポロジー

非可換幾何学の視点から

窪田　陽介　著

定価 2750 円

本書は，物性物理学における物質のトポロジカル相（topological phase）の理論の一部について，特に数学的な立場からまとめたものである．とりわけ，トポロジカル相の分類，バルク・境界対応の数学的証明の2つを軸として，分野の全体像をなるべく俯瞰することを目指した.

第1章　導入

第2章　関数解析からの準備

第3章　フレドホルム作用素の指数理論

第4章　作用素環の K 理論

第5章　複素トポロジカル絶縁体

第6章　ランダム作用素の非可換幾何学

第7章　粗幾何学とトポロジカル相

第8章　トポロジカル絶縁体と実 K 理論

第9章　スペクトル局在子

第10章　捩れ同変 K 理論

第11章　トポロジカル結晶絶縁体

第12章　関連する話題

付録A　補遺

サイエンス社